工程泥沙实体模型测控技术及应用

李志晶　刘小斌　周银军　金中武 等　著

内 容 提 要

本书研究改进了实体模型试验过程中水沙要素测控技术方法，并结合多个国内外重要水利工程泥沙问题，开展了实体模型试验研究及测控技术应用，对相关工程设计方案提出了优化建议。

本书可供从事工程泥沙、模型测控等相关专业的管理、规划、科研人员及高等院校相关专业师生参考。

图书在版编目（CIP）数据

工程泥沙实体模型测控技术及应用 / 李志晶等著. -- 北京 : 中国水利水电出版社, 2021.12
ISBN 978-7-5226-0387-2

Ⅰ. ①工… Ⅱ. ①李… Ⅲ. ①泥沙－水工模型试验 Ⅳ. ①TV149.2

中国版本图书馆CIP数据核字(2022)第006049号

书　　名	**工程泥沙实体模型测控技术及应用** GONGCHENG NISHA SHITI MOXING CEKONG JISHU JI YINGYONG
作　　者	李志晶　刘小斌　周银军　金中武　等 著
出版发行	中国水利水电出版社 （北京市海淀区玉渊潭南路1号D座　100038） 网址：www.waterpub.com.cn E-mail：sales@waterpub.com.cn 电话：（010）68367658（营销中心）
经　　售	北京科水图书销售中心（零售） 电话：（010）88383994、63202643、68545874 全国各地新华书店和相关出版物销售网点
排　　版	中国水利水电出版社微机排版中心
印　　刷	北京中献拓方科技发展有限公司
规　　格	184mm×260mm　16开本　10印张　243千字
版　　次	2021年12月第1版　2021年12月第1次印刷
定　　价	**62.00元**

前言

我国河流上建有越来越多的大、中型水利工程，如长江三峡工程、南水北调工程、防洪与河道整治工程等，以及各种港口码头、航道、取排水设施、滩涂开发利用等工程，这些水利工程的建设显著改变了河流原有的水文情势及生态环境。作为一个复杂而又特殊的自然综合体，河流在自然情况下以及在修建建筑物后所发生的演变过程，对人类生产活动影响甚大。为了保障防洪安全，维护河流资源的综合利用，保护生态环境，人们通过研究预测与治理来制定工程规划，并进一步控制河床演变过程。

通常的研究手段包括数值模拟和河工模型试验。数值模拟是利用数学模型使用电子计算机进行计算的方法，在河流问题的研究中获得了广泛的应用与发展，具有迅速、准确、能节约大量人力和物力及时间的显著优点。然而，河工模型试验在重大水利工程及科研方面的应用具有不可替代的作用，如在河槽形态的发展中不能适当的简化以及问题的三维性质占有十分重要的地位时，或在试验范围内水流通过重要水工建筑物的情况下，难以用数理方程表达时，数学模型仍然不能替代物理模型。在许多情况下，常采用数学模型与物理模型相结合的研究方式，以求得问题的解决。例如，在长江葛洲坝和三峡水利枢纽工程的泥沙问题研究中，就大量地采用了两者相结合的方法。

河工模型试验是基于相似的概念和理论，运用河流动力学知识，根据水流和泥沙运动力学相似原理，利用远较原型小的模型来模拟与原型相似的边界条件和动力学条件，对河流水沙运动过程进行实体模拟，研究河流在天然河流情况下或在有水工建筑物的情况下水流结构、河床演变过程和工程方案效果的一种方法。河工模型试验过程中遇到的问题，大多属于三维问题，模型边界条件往往很复杂，如果没有先进的量测仪器和控制技术，就不可能获得高质量的模型试验研究成果。

本书共7章，第1章介绍了实体模型模拟的基础，第2章介绍了模型测控技术的研发，第3章介绍了金沙水利枢纽模型试验，第4章介绍了滇中引水取水口模型试验，第5章介绍了渝西水资源配置引水工程模型试验，第6章介绍了巴基斯坦卡洛特水电站模型试验，第7章介绍了尼泊尔上阿润水电站模型试验。

本书编写人员分工如下：第1章由李志晶、单敏尔编写，第2章由李志晶、朱帅编写，第3章由刘小斌、周银军、朱帅编写，第4章由李大志、金中武、李志晶编写，第5章由黄建成、周银军、李志晶编写，第6章由刘小斌、金中武、李志晶编写，第7章由刘小斌、李志晶、周银军编写。全书由李志晶、刘小斌、周银军、金中武统稿。

本书受国家重点研发专项项目课题“山区暴雨山洪水沙灾害风险动态评估与预警技术”（2019YFC1510704）、中央级公益性科研院所基本科研业务费项目“青藏高原河湖研究创新团队”（CKSF2021743HL）、国家自然科学基金面上项目“Karst地区伏流水沙输移机理研究”（51779015）、国家自然科学基金面上项目“河床多尺度调整过程中阻力效应变化研究”（51579014）、国家自然科学基金青年科学基金项目“非恒定流条件下非均匀推移质输移规律试验研究”（51609013）、国家自然科学基金青年科学基金项目“有机物影响下细颗粒泥沙絮凝模式与机理实验研究”（41906149）资助，特此致谢！

因作者水平和时间有限，本书难免存在不妥之处，敬请读者批评指正。

作者

2021年7月于武汉

目录

第1章

实体模型模拟的基础

1.1 相似现象及概念

1.1.1 相似现象的相似特性

相似指最初伴随几何形态的相似而产生且仅限于静态的几何相似，属性比较简单。本书所讲的相似是指物质系统的机械运动相似，即除静态相似外还应包括动态相似；除要求形式相似外，还要求内容相似。两种现象必须要有同一物理性质，才能有严格意义的相似。

自然界的相似现象是指在几何相似的系统中，各相应点上发生着物理本质相同的过程，并可用相同的物理方程来描述，在相应点上，同名的物理量（如流速，流量，作用力等）之间具有相同的比例关系的现象。对相似的现象，可以将一个现象的每一个物理量的大小，以一定的倍数转换成另一个现象对应点上的同名物理量的数值。

在论述相似现象的属性时，首先是从各个不同的侧面阐明相似现象的相似特征，再阐明各相似特征之间的内在联系。

在进行流体运动的模型试验时，当原型和模型两种流动现象相似时，流体运动须遵循同一个物理方程，其单值条件相似，而且由单值条件所组成的相似准数相等。也就是说，当两种流动相似时，两种流动相应点上所有表征流动状况的相应物理量都各具有一定的比例关系。这样就导致了一般所熟知的流动的力学相似的三个条件：几何相似、运动相似和动力相似。

1. 几何相似

几何相似是指原型和模型两个流动的几何形状相似。几何形状相似要求原型和模型两个流动中对应部位的长度保持一定的比例关系，即模型水流各对应几何尺寸都是按同一比例尺由原型水流塑制而成：

$$\frac{l_{a1}}{l_{b1}}=\frac{l_{a2}}{l_{b2}}=\cdots=\frac{l_{an}}{l_{bn}}=\lambda_l \qquad (1-1)$$

式中：l_{a1}、l_{a2}、…、l_{an}分别为原型的各个线性长度；l_{b1}、l_{b2}、…、l_{bn}分别为模型的相应线性长度；下标 a、b 分别表示原型和模型；1、2、…、n 分别为原型和模型的不同部位；λ_l 称为长度比尺或几何比尺，其在原型和模型中任何对应的部位均为一定值；面积比尺是长度的平方，故面积比尺为λ_l^2；同理体积比尺是长度的立方为λ_l^3。不难发现，几何相似是通过长度比尺来表达的。

2. 运动相似

运动相似是指原型和模型两个流动中各对应质点的运动情况是相似的，即要求原型和模型对应质点的速度方向相同（互相平行）、大小保持同一比例：

$$\frac{u_{a1}}{u_{b1}}=\frac{u_{a2}}{u_{b2}}=\cdots=\frac{u_{an}}{u_{bn}}=\frac{\lambda_l}{\lambda_t}=\lambda_u \tag{1-2}$$

$$\frac{a_{a1}}{a_{b1}}=\frac{a_{a2}}{a_{b2}}=\cdots=\frac{a_{an}}{a_{bn}}=\frac{\lambda_l}{\lambda_t{}^2}=\lambda_a \tag{1-3}$$

式中：u、a 分别为速度和加速度；λ_u、λ_a 分别为速度比尺和加速度比尺。

不难发现，运动相似是通过时间比尺和长度比尺来表达的。严格的运动相似是空间流速场的相似，对水流运动来说，等同于各过水断面上各点的流速向量相似。同时，各点的流速向量均相似则断面平均流速向量必相似，但断面平均流速相似，各点的流速向量却并不一定相似，平均流速相似是各点流速相似的必要不充分条件；相同地，严格的流动相似应是三维水流相似，而非一维或二维水流相似，一维或二维水流相似也是三维水流相似的必要不充分条件。

3. 动力相似

动力相似是指作用于原型和模型两个流动相应点的各种不同性质的作用力方向相同，且大小都成同一比例关系：

$$\frac{f_{a1}}{f_{b1}}=\frac{f_{a2}}{f_{b2}}=\cdots=\frac{f_{an}}{f_{bn}}=\lambda_f \tag{1-4}$$

式中：f 为作用力；λ_f 为作用力比尺。

一般来说，对于水流运动，试图改变流体运动状态的作用力通常有质量力、压力、黏滞力、紊动阻力等，而惯性力是使流体维持原有运动状态的反作用力。若要达到流动相似，则这些力在原型和模型中应同时存在，并且各自相互平行，具有同一比例。

惯性力为质量与加速度的乘积，即

$$f=ma \tag{1-5}$$

又

$$m=\rho V$$

式中：ρ 为密度；V 为体积；m 为质量；a 为加速度；则式（1-5）可改写为

$$f=\rho Va \tag{1-6}$$

将体积用长度表示，加速度用长度和时间表示，则惯性力表达式（1-6）可改写为

$$f=\rho l^3\ \frac{l}{t^2}=\rho l^2 v^2 \tag{1-7}$$

式（1-7）中 $\rho l^2 v^2$ 的大小可表示流动的惯性抵抗改变运动状态的强弱，用 F 表示试图改变流体原有运动状态的外界作用力，则可引入作用力和惯性力之间的比值$\frac{F}{\rho l^2 v^2}$，称为牛顿数，记为 Ne，即

$$Ne=\frac{F}{\rho l^2 v^2} \tag{1-8}$$

若两种流动动力相似，则他们的牛顿数必然相等且为一常数，即

$$\frac{F_a}{\rho_a l_a^2 v_a^2}=\frac{F_b}{\rho_b l_b^2 v_b^2}=Ne_a=Ne_b \tag{1-9}$$

引入 λ_F 则式（1－9）也可表达为

$$\lambda_F=\frac{F_a}{F_b}=\frac{\rho_a l_a^2 v_a^2}{\rho_b l_b^2 v_b^2}=\lambda_\rho \lambda_l^2 \lambda_v^2 \tag{1-10}$$

等价于

$$\frac{\lambda_F}{\lambda_\rho \lambda_l^2 \lambda_v^2}=1 \tag{1-11}$$

式（1－11）说明在流动中若要满足动力相似，则作用力比尺、密度比尺、长度比尺和速度比尺应满足以上关系式。

从以上三方面相似特征的理论和实际意义出发，不难发现这三个相似特征是互相关联且互为条件的。表示运动的速度 u 和加速度 a 是长度 l 和时间 t 的函数，而流动长度（流程）l 又为最基本的几何要素，故运动相似和几何相似是不可分割的，几何相似是运动相似的前提和基础。另一方面，表示作用力的外部力和反作用力的惯性力均可表示为质量 m、加速度 a 或是长度 l、密度 ρ 和速度 v 的函数形式，故动力相似和运动相似也是密不可分、相互关联的。总体来看，以上三种相似是一个有机统一的整体，三者缺一不可，其中任意一个相似都是另两个相似的前提，三者互为相似的基础，若其中有一相似无法达到，那么其他两个相似必然也无法达成。但是从主次先后的角度来看，三者并不是并列存在的，而是有主次之分的，通常地，由于水流运动的改变主要受外界作用力和惯性力之间关系变化的影响，故根本上各种力是决定水流运动的主导因素，从而可以将动力相似理解为是占主导地位的相似，它包含几何相似和运动相似，而后两者从属于动力相似。

由于三者是层层递进、不可分割的关系，从模型试验的实用角度来看，最基础的长度比尺 λ_l 是模型设计的重要参数；而速度比尺 λ_u 则通常作为检验模型相似性和由模型实验成果推求原型的关键依据；动力相似则是模型设计的出发点。从理论角度来看，这三个比尺将质量、长度和时间三个基本量纲完整表述在内，他们是三个独立的基本物理量，利用三个基本量纲的不同次方组合的无量纲综合体可描述一般的任何物理量，同理三个基本比尺的不同次方也可组合形成并解释任一比尺关系式。其他例如动量或动能相似特征，也可通过以上三个相似特征表示出来。同时，上述的三个相似特征只是相似现象特有的属性，并不是判断相似现象的等价条件，两者有本质上的不同。

1.1.2 关于相似指示数和相似准则的定理

相似现象中对应的各物理量必须具有同一比尺，但不同物理量之间的比尺，彼此之间也是按照一定规律相联系的。由于相似现象的物理属性必是相同的，即使尺度不同，但必定可为同一物理方程式所描述且服从同一运动规律。只有如此才能实现几何、运动和动力三方面的严格相似，否则只会是某一时刻或特定条件下的相似，一旦时刻或条件改变，由于决定各个物理量变化规律的物理方程式不同，相似就会受到破坏。

由于相似现象的物理属性一致，并为同一方程式所描述，各个比尺就要受到物理方程

式所体现的自然规律的约束，无法自己选定。以受牛顿第二定律约束的相似现象为例，来阐明这一问题。

运动相似的两个系统都应受牛顿第二定律的约束，即应满足

$$f=m\frac{\mathrm{d}u}{\mathrm{d}t} \tag{1-12}$$

式中：f 为作用力；m 为质量；u 为速度；t 为时间。

这一公式对原型和模型中任一对应点都是适用的，形式相同只是各量数值存在差异，对于原型，应有

$$f_a=m_a\frac{\mathrm{d}u_a}{\mathrm{d}t_a} \tag{1-13}$$

对于模型，则有

$$f_b=m_b\frac{\mathrm{d}u_b}{\mathrm{d}t_b} \tag{1-14}$$

各物理量的数量关系，在相似条件下可通过比尺相联系：

$$f_a=\lambda_f f_b, m_a=\lambda_b m_b, u_a=\lambda_u u_b, t_a=\lambda_t t_b \tag{1-15}$$

将式（1-15）代入式（1-13）中，可转换得

$$\frac{\lambda_f\lambda_t}{\lambda_a\lambda_u}f_b=m_b\frac{\mathrm{d}u_b}{\mathrm{d}t_b} \tag{1-16}$$

式（1-14）和式（1-16）是表述相同数量关系的不同方程式，两者需在满足式（1-17）时方可统一，即

$$\frac{\lambda_f\lambda_t}{\lambda_a\lambda_u}=1 \tag{1-17}$$

式（1-17）决定了相似现象四个比尺之间的关系，方程左侧的表达式 $\lambda_f\lambda_t/\lambda_b\lambda_u$ 称为相似指示数，式（1-17）称为比尺关系式。模型与原型需满足式（1-17）才可能实现相似。

由式（1-13）和式（1-14）等号两侧的对应表达式对比，也可推出比尺关系式。同时也不难发现，相似指示数 $\lambda_f\lambda_t/\lambda_b\lambda_u$ 本质上是原型与模型作用力之比 f_a/f_b，比上惯性力之比 $[(m_a\mathrm{d}u_a/\mathrm{d}t_a)/(m_b\mathrm{d}u_b/\mathrm{d}t_b)]$。若两者的作用力之比等于惯性力之比，那么相似指示数为 1，这就是动力相似的重要属性。

从以上例子引出相似指示数的定理：从描述相似现象的同一数学方程式所导引出来的各物理量的比尺所组成的相似指示数必定为 1。

式（1-17）也可改写为另一种形式。将式（1-15）代入式（1-17）中，可得

$$\frac{f_a t_a}{m_a u_a}=\frac{f_b t_b}{m_b u_b}=常数 \tag{1-18}$$

式中：无量纲表达式 ft/mu 称为相似准则。

由上述转换，可引出相似准则定理的另一种形式，即由相似现象各个物理量组成的无量纲表达式（即相似准则）为常数。

如式（1-12）所示的作用力 f 仅限于一种力，比尺受到的约束不强，故导出的相似律只有一个。若作用力 f 是在所研究的物理现象中是多种力的总和，则会导出多个相似

律，比尺受到的约束加强，问题相较于之前复杂。再者，如描述此种运动现象的方程式不仅限于运动方程式，还有其他的方程式，则还将由此导出其他的相似率，那么问题将更加复杂。

接下来取描述不可压缩的三维紊动水流的时均微分方程式进行分析。由水力学知识，描述此种水流运动采用的微分方程式为

连续方程式

$$\frac{\partial \overline{u}}{\partial x}+\frac{\partial \overline{v}}{\partial y}+\frac{\partial \overline{w}}{\partial z}=0 \tag{1-19}$$

运动方程式

$$\begin{aligned}&\frac{\partial \overline{u}}{\partial t}+\left(\overline{u}\frac{\partial \overline{u}}{\partial x}+\overline{v}\frac{\partial \overline{u}}{\partial y}+\overline{w}\frac{\partial \overline{u}}{\partial z}\right)\\&=F_x-\frac{1}{\rho}\frac{\partial \overline{p}}{\partial x}+\left[\frac{\partial}{\partial x}\left(\upsilon\frac{\partial \overline{u}}{\partial x}\right)+\frac{\partial}{\partial y}\left(\upsilon\frac{\partial \overline{u}}{\partial y}\right)+\frac{\partial}{\partial z}\left(\upsilon\frac{\partial \overline{u}}{\partial z}\right)\right]\\&\quad-\left(\frac{\partial}{\partial x}\overline{u'^2}+\frac{\partial}{\partial y}\overline{u'v'}+\frac{\partial}{\partial z}\overline{u'w'}\right)\frac{\partial \overline{v}}{\partial t}\\&\quad+\left(\overline{u}\frac{\partial \overline{v}}{\partial x}+\overline{v}\frac{\partial \overline{v}}{\partial y}+\overline{w}\frac{\partial \overline{v}}{\partial z}\right)\end{aligned}\tag{1-20}$$

$$\begin{aligned}&=F_y-\frac{1}{\rho}\frac{\partial \overline{p}}{\partial y}+\left[\frac{\partial}{\partial x}\left(\upsilon\frac{\partial \overline{v}}{\partial x}\right)+\frac{\partial}{\partial y}\left(\upsilon\frac{\partial \overline{v}}{\partial y}\right)+\frac{\partial}{\partial z}\left(\upsilon\frac{\partial \overline{v}}{\partial z}\right)\right]\\&\quad-\left(\frac{\partial}{\partial x}\overline{u'v'}+\frac{\partial}{\partial y}\overline{v'^2}+\frac{\partial}{\partial z}\overline{u'w'}\right)\frac{\partial \overline{w}}{\partial t}\\&\quad+\left(\overline{u}\frac{\partial \overline{w}}{\partial x}+\overline{v}\frac{\partial \overline{w}}{\partial y}+\overline{w}\frac{\partial \overline{w}}{\partial z}\right)\end{aligned}\tag{1-21}$$

$$\begin{aligned}&=F_z-\frac{1}{\rho}\frac{\partial \overline{p}}{\partial z}+\left[\frac{\partial}{\partial x}\left(\upsilon\frac{\partial \overline{w}}{\partial x}\right)+\frac{\partial}{\partial y}\left(\upsilon\frac{\partial \overline{w}}{\partial y}\right)+\frac{\partial}{\partial z}\left(\upsilon\frac{\partial \overline{w}}{\partial z}\right)\right]\\&\quad-\left(\frac{\partial}{\partial x}\overline{u'v'}+\frac{\partial}{\partial y}\overline{v'w'}+\frac{\partial}{\partial z}\overline{w'^2}\right)\frac{\partial \overline{u}}{\partial t}\\&\quad+\left(\overline{u}\frac{\partial \overline{u}}{\partial x}+\overline{v}\frac{\partial \overline{u}}{\partial y}+\overline{w}\frac{\partial \overline{u}}{\partial z}\right)\end{aligned}\tag{1-22}$$

式中：$\overline{u}$、$\overline{v}$、$\overline{w}$ 为沿 x、y、z 轴的时均流速；u'、v'、w' 为沿 x、y、z 轴的脉动流速；F_x、F_y、F_z 为沿 x、y、z 轴的单位质量的质量力，其值等于沿 x、y、z 轴的重力加速度的分量（当质量力仅为重力时）；当 x 轴与水流方向相同时，$F_x=g\sin\alpha=gJ_x$，$F_y=-g\cos\alpha\approx-g$，$F_z=g\sin\beta=gJ_z$，此处，$\alpha$、$\beta$ 是水流沿 x、z 轴方向的倾角，J_x、J_z 为 x、z 轴方向的坡降；$\overline{p}$ 为时均压力强度；υ 为运动黏滞系数；t 为时间。

运动方程等号左侧为单位质量的惯性力，其中第一项为时变加速度引起的惯性力，后三项为位变加速度引起的惯性力。等号右侧第一项为单位质量的重力，第二项为单位质量的压力，方括号内的三项为黏滞力所致的剪力，圆括号内的三项为水流脉动所致的剪力，也称紊动阻力，其本质是一种脉动惯性力。

假设系统满足几何相似，对连续方程式（1－19）进行分析，即

$$\lambda_x=\lambda_y=\lambda_z=\lambda_l \tag{1-23}$$

将式（1-23）用于原型，将原型物理量用比尺转化为相应模型物理量，即

$$\begin{aligned}x_a=\lambda_l x_b, y_a=\lambda_l y_b, z_a=\lambda_l z_b\\ \overline{u}_a=\lambda_u\overline{u}_b, \overline{v}_a=\lambda_v\overline{v}_b, \overline{w}_a=\lambda_w\overline{w}_b\end{aligned} \tag{1-24}$$

再由连续方程式（1-19），可导出

$$\lambda_u=\lambda_v=\lambda_w \tag{1-25}$$

同时考虑脉动流速的连续方程式为

$$\frac{\partial u'}{\partial x}+\frac{\partial v'}{\partial y}+\frac{\partial w'}{\partial z}=0 \tag{1-26}$$

同理可导出

$$\lambda'_u=\lambda'_v=\lambda'_w \tag{1-27}$$

再对运动方程式下的式（1-20）进行分析，同时取

$$\overline{p}_a=\lambda_a\overline{p}_b, v_a=\lambda_v v_b, g_a=\lambda_g g_b, \rho_a=\lambda_g\rho_b \tag{1-28}$$

运用相似转化，可将式（1-20）转化为

$$\begin{aligned}&\frac{\lambda_u}{\lambda_t}\left(\frac{\partial\overline{u}}{\partial t_b}\right)+\frac{\lambda_u^2}{\lambda_l}\left(\overline{u}\frac{\partial\overline{u}}{\partial x}+\overline{v}\frac{\partial\overline{u}}{\partial y}+\overline{w}\frac{\partial\overline{u}}{\partial z}\right)_b\\ &=\lambda_g(gJ_x)_b-\frac{\lambda_p}{\lambda_\rho\lambda_l}\left(\frac{1}{\rho}\frac{\partial\overline{p}}{\partial x}\right)_b+\frac{\lambda_v\lambda_u}{\lambda_l^2}\left[\frac{\partial}{\partial x}\left(\upsilon\frac{\partial\overline{u}}{\partial x}\right)+\frac{\partial}{\partial y}\left(\upsilon\frac{\partial\overline{u}}{\partial y}\right)+\frac{\partial}{\partial z}\left(\upsilon\frac{\partial\overline{u}}{\partial z}\right)\right]_b\\ &\quad-\frac{\lambda_{u'}^2}{\lambda_l}\left(\frac{\partial}{\partial x}\overline{u'^2}+\frac{\partial}{\partial y}\overline{u'v'}+\frac{\partial}{\partial z}\overline{u'w'}\right)_b\end{aligned} \tag{1-29}$$

式中：括号的角标 b 表示括号中相关物理量为模型值。

用 λ_u^2/λ_l 除式（1-29）各项，可得

$$\begin{aligned}&\frac{\lambda_l}{\lambda_t\lambda_u}\left(\frac{\partial\overline{u}}{\partial t_b}\right)+\left(\overline{u}\frac{\partial\overline{u}}{\partial x}+\overline{v}\frac{\partial\overline{u}}{\partial y}+\overline{w}\frac{\partial\overline{u}}{\partial z}\right)_b\\ &=\frac{\lambda_l\lambda_g}{\lambda_u^2}(gJ_x)_b-\frac{\lambda_p}{\lambda_\rho\lambda_u^2}\left(\frac{1}{\rho}\frac{\partial\overline{p}}{\partial x}\right)_b+\frac{\lambda_v}{\lambda_u\lambda_l}\left[\frac{\partial}{\partial x}\left(\upsilon\frac{\partial\overline{u}}{\partial x}\right)+\frac{\partial}{\partial y}\left(\upsilon\frac{\partial\overline{u}}{\partial y}\right)+\frac{\partial}{\partial z}\left(\upsilon\frac{\partial\overline{u}}{\partial z}\right)\right]_b\\ &\quad-\frac{\lambda_{u'}^2}{\lambda_u^2}\left(\frac{\partial}{\partial x}\overline{u'^2}+\frac{\partial}{\partial y}\overline{u'v'}+\frac{\partial}{\partial z}\overline{u'w'}\right)_b\end{aligned} \tag{1-30}$$

要使所得方程式与模型运动方程式（1-20）相同，则要

$$\frac{\lambda_t\lambda_u}{\lambda_l}=1 \text{ 或 } \frac{tu}{l}=\text{常数} \tag{1-31}$$

$$\frac{\lambda_u^2}{\lambda_l\lambda_g}=1 \text{ 或 } Fr=\frac{u^2}{gl}=\text{常数} \tag{1-32}$$

$$\frac{\lambda_p}{\lambda_\rho\lambda_u^2}=1 \text{ 或 } Eu=\frac{p}{\rho u^2}=\text{常数} \tag{1-33}$$

$$\frac{\lambda_u\lambda_l}{\lambda_\upsilon}=1 \text{ 或 } Re=\frac{ul}{\upsilon}=\text{常数} \tag{1-34}$$

$$\frac{\lambda_u^2}{\lambda_{u'}^2}=1 \text{ 或 } \frac{u^2}{u'^2}=\text{常数} \tag{1-35}$$

使用相同的方法分析式（1－21）和式（1－22），不增加新的比尺关系式和相似准则。由此可以看出，以上五个比尺关系式是决定三维紊动水流比尺关系的依据。下面对其逐一分析。

比尺关系式（1－31）表示原型与模型由位变加速度引起的惯性力之比等于由时变加速度引起的惯性力之比，也可认为是位变加速度之比等于时变加速度之比，本质上反映了原型与模型水流运动连续的相似要求，若将连续方程式（1－19）改写为以下形式：

$$\frac{\partial\rho}{\partial t}+\frac{\partial\rho\overline{u}}{\partial x}+\frac{\partial\rho\overline{v}}{\partial y}+\frac{\partial\rho\overline{w}}{\partial x}=0 \tag{1-36}$$

由此导出的比尺关系式，结果与式（1－31）完全相同。该比尺关系式决定了非恒定流时间比尺、流速比尺和长度比尺之间的关系。当水流为恒定流时，运动方程式中的时变惯性项为0，此比尺关系式就不适用了。

比尺关系式（1－32）表示原型与模型的惯性力之比等于重力之比，将该相似准则称为弗劳德数，故此相似律又称为弗劳德相似律。此相似律是河工模型中十分重要的相似律，这是因为重力和惯性力是决定水流运动非常关键的力。

比尺关系式（1－33）表示原型与模型的压力之比等于重力之比，将该相似准则称为欧拉数，故此相似律又称为欧拉相似律。此相似律在研究水流对边壁对于河工建筑物的动力荷载时是应该予以考虑的。而研究一般的明渠水流运动时，则不予考虑。

比尺关系式（1－34）表示原型与模型的惯性力之比等于黏滞力之比，将该相似准则称为雷诺数，故此相似律又称为雷诺相似律。由于河道水流一般为紊流，而紊流中黏滞力的作用比较微小，该相似律在河工模型中一般不要求严格满足，而事实上也是很难满足的。

比尺关系式（1－35）表示原型与模型由时均流速产生的惯性力之比等于由脉动流速产生的惯性力之比。故此相似律也可称为紊动相似律。另一方面，脉动惯性力即所谓紊动剪力，它与黏滞力类似，对水流运动起阻力作用。故这个比尺关系式也可表示惯性力之比等于紊动阻力之比，当黏滞力可忽略不计时，就是惯性力之比等于阻力之比。从上面的分析，可看出紊动相似与阻力相似的关联性。但对于式（1－20）～式（1－22）这样的一般性水流运动方程式，是无法导出阻力相似的比尺关系的。

以上描述一般机械运动现象的牛顿第二定律和描述紊动水流现象的连续方程式以及运动方程式，阐明了有关相似现象的相似指示数和相似准则的定理，并分别求得了这些公式的比尺关系式。由于比尺关系式是确定比尺的依据，求出相似现象的相似指示数和相似准则，并据此建立比尺关系式，是模型试验需解决的首要问题。

利用物理方程式是推求相似指示数和相似准则，并据此建立比尺关系式的最有效途径。这是由于在很容易求得相似指示数和相似准则的情况下，其物理意义也十分清楚，各自在该物理现象中所处的地位也是非常清晰的。故在使用这些比尺关系式时，哪一部分要严格遵守，哪一部分可有偏离，有较为清晰的认识。

上述都是在已知物理方程式的条件下推求相似指示数和相似准则，但当出现物理方程式并未找到的情况时，通常有以下两种办法推求。

第一种办法是量纲分析法（详见1.1.4小节），即使还不知道描述物理现象的物理方程式，但这个物理现象和描述它的方程式中所包括的物理量是知道的，这样就可利用量纲分析法（例如 π 定理），将这些物理量分别组合成无量纲综合体。尽管联系这些无量纲综合体的函数关系仍不知道，但只要知道无量纲综合体本身，相似指示数和相似准则就可以求出，从而比尺关系式也可以求出。这种办法表面上看是很能解决问题，但由此得到的无量纲综合体，很大程度取决于所引进的用于量度其他物理量的基本物理量。如果引进的物理量中漏去了较重要的物理量或添进了不重要的物理量，或者选用的基本物理量不当，所得到的无量纲综合体，就不一定是对相似现象起主导作用的相似准则。因此，这种办法的任意性是比较大的，除了对那些还不了解的物理现象可以尝试采用这种方法之外，一般很少采用。而且即使采用这种办法，为寻求起主导作用的无量纲综合体，也应以对物理现象力学实质的认识为出发点。

另一种办法是，从控制物理现象的作用力的一般表达式出发，求出各种力的比尺关系式，然后由动力相似原则，即各种作用力之比必须相等，求出有关的比尺关系式。举例来说，控制水流运动的主要作用力可以认为是重力、惯性力、黏滞力、紊动阻力。各种力的一般表达式及相应比尺关系式可按照以下形式书写：

重力：

$$f_g=\rho g l^3 \tag{1-37}$$

$$\lambda_{f_g}=\lambda_\rho\lambda_g\lambda_l^3 \tag{1-38}$$

惯性力：

$$f_i=ma=\rho l^2 u\,\mathrm{d}t\,\frac{\mathrm{d}u}{\mathrm{d}t}\left(=\rho l^2\,\mathrm{d}\,\frac{u^2}{2}\right) \tag{1-39}$$

$$\lambda_{f_i}=\lambda_\rho\lambda_l^2\lambda_u^2 \tag{1-40}$$

黏滞力：

$$f_v=\tau_v l^2=\rho v\,\frac{\mathrm{d}u}{\mathrm{d}l}l^2 \tag{1-41}$$

$$\lambda_{f_v}=\lambda_\rho\lambda_v\lambda_l\lambda_u \tag{1-42}$$

紊动剪力（以与水流方向平行的平面剪力为例）：

$$f_\tau=\tau_t l^2=-\rho\,\overline{u'v'}\,l^2 \tag{1-43}$$

$$\lambda_{f_\tau}=\lambda_\rho\lambda_l^2\lambda_{u'}^2 \tag{1-44}$$

式中：l 为流体的几何尺度；l^2 为面积；l^3 为体积；τ_t 为单位面积的黏滞力及紊动剪力；其余符号同前。

惯性力重力比相似比尺关系式：

$$\frac{\lambda_{f_i}}{\lambda_{f_g}}=\frac{\lambda_\rho\lambda_l^2\lambda_u^2}{\lambda_\rho\lambda_g\lambda_l^3}=\frac{\lambda_u^2}{\lambda_l}=1\text{(弗劳德相似律)} \tag{1-45}$$

惯性力黏滞力比相似比尺关系式：

$$\frac{\lambda_{f_i}}{\lambda_{f_v}}=\frac{\lambda_\rho\lambda_l^2\lambda_u^2}{\lambda_\rho\lambda_v\lambda_l\lambda_u}=\frac{\lambda_l\lambda_u}{\lambda_v}=1\text{(雷诺相似律)} \tag{1-46}$$

惯性力紊动剪力比相似比尺关系式：

$$\frac{\lambda_{f_i}}{\lambda_{f_\tau}}=\frac{\lambda_u^2}{\lambda_{u'}^2}=1 \tag{1-47}$$

可以看出式（1-45）～式（1-47）得到了与本节式（1-32）、式（1-34）及式（1-35）完全相同的比尺关系式。式（1-33）不增加新的比尺关系式且对于一般的明渠水流运动可不考虑。式（1-31）反映水流连续条件，可直接由流速、长度、时间三者间的关系求出，即

$$\lambda_u=\frac{\lambda_l}{\lambda_t} \tag{1-48}$$

第二种方法最大的优点是即使不知道物理方程式也可导出比尺关系式，比较简便。但只要物理方程式已知，就应该利用其导出比尺关系式。由于物理方程式各项的物理意义比较清晰，且都有一维、二维、三维之分，不同方程式中同一种力的含义并不相同，由此导出的比尺关系式含义也不一样，但是按照第二种方法导出的比尺关系式却都是相同的。另外，物理方程式中各项容易区别主次，特别是针对具体现象的方程式时，无关紧要的影响因素已排除在外，但若按照第二种方法导出比尺关系式，从方法本身来看，是无法区别它们的主次关系的。

1.1.3 相似条件

前述讨论了相似现象的相关属性，并由此引申出确定不同物理量比尺关系的相似指示数和相似准则的相关定理。值得注意的是，不能完全根据指标来判断两个现象是否相似。比如不可能根据原型和模型的整个流速场和动力场是否完全相似，以及不同流场部位的有关物理量组成的相似指示数是否都等于1来判断模型与原型是否相似。因为那要求对原型和模型的过程有详尽的了解，这显然无法达到，即使达到了，也失去了进行模型试验的意义，因为既然原型的运动过程已经彻底了解，那就无须再进行模型实验了。因此，问题应当转化为，相似的最低限度必须依据哪些必需条件，也就是本节所讨论的相似条件，来设计或判断模型与原型是否相似。

显然，与原型相似的模型不会只有一个，而是有一系列大小不等的模型都可能与原型相似，这些模型中的任何一个，在几何形态上都必定与原型相似，且和原型一样，可为同一物理方程式所描述，这是实现相似的第一个必要条件。

但是另一方面，考虑的模型只是这一系列模型中的一个确定模型，而且在这个确定的模型中，在一个特定时间内，所研究的相似现象也只是一系列相似现象中的一个确定的相似现象。故将这个确定的模型从一系列相似模型中区分出来，将所研究的确定的相似现象从一系列相似现象中区分出来的单值条件，必须是已知的。这同描述物理现象的微分方程的某一个特解，是通过单值条件从微分方程的通解中区分出来一样，单值条件包含的物理量，在原型和模型中是相对应的，只是数值上不同，但他们每一物理量间的比值应等于相应的比尺。单值条件在通常情况下就是边界条件，如果边界上的有关物理量不相似，原型与模型现象是必不相似的。故模型和原型单值条件包含的物理量相似，这是实现相似的第二个必要条件。

再者，只有单值条件所包含的物理量相似，还无法认定模型与原型就是相似的。相似现象中有关物理量的比尺由于受到比尺关系式（即满足相似指示数等于1）的约束，故不是可以任选的。故模型和原型单值条件所包含的物理量的比尺关系满足相似指示数等于1

的要求，即单值条件所包含的物理量构成的相似准则需相等，这是实现相似的第三个必要条件。

由于单值条件是将所研究的相似现象从一系列相似条件中区分出来的决定性条件，因此由单值条件包含的物理量的相似，和它们的比尺关系满足相似指示数等于 1 或相似准则为常数的要求，也可以看成是决定性的相似条件。

以上论述了实现相似的三个必要条件，能否说这三个必要条件就是实现相似的充分条件呢？为此，需要证明这样一个命题，就是，只要单值条件包含的物理量相似，而且它们的比尺关系满足相似指示数等于 1 的要求，其他不属于单值条件的同样的物理量，即不在边界上的其他相同物理量，也会是相似的，而且它们的比尺关系也满足相似指示数等于 1 的要求。

可设想有一确定的相似现象与原型完全相似来证明这一点。该相似现象符合相似的一般属性，适用相似定理，满足上述三个条件：几何形态上相似，且可为同一物理方程式所描述；两者单值条件所包含的物理量相似；比尺关系满足相似指示数等于 1 的要求。相反来看，满足上述三个条件的现象，即单值条件与设想的确定的相似现象完全相同的现象，若竟然和原型是不相似的，也就是说在相同的单值条件下，出现了两个以上的不同现象。如此一来单值条件就不再是单值条件，只要单值条件没有选错，这自然不可能出现。由此可得，上述三个条件是实现相似的必要同时也是充分条件，满足了这三个条件，原型和模型就可以实现相似。

前述的三个相似条件，可归纳为一个相似条件。前面已把几何看成一种形式的物理量相似，也即单值条件相似。进一步将单值条件相似既理解为它们所包含的物理量相似，也可以理解为这些物理量的比尺关系满足相似指示数等于 1 的要求。如此就可将模型与原型的相似条件概括为由相同物理方程式所描述的原型和模型的物理现象，单值条件必须相似。

单值条件相似除几何相似外，还应包括哪些内容来确保它们的相似，这是一个比较复杂的问题，通常要视物理现象和描述这个物理现象的物理方程式而异，此处先做一个比较简单的说明。

以恒定一维水流为例，此处所描述水流运动的微分方程式，即一般明渠恒定非均匀流公式：

$$-\frac{\mathrm{d}Y}{\mathrm{d}x}=\frac{Q^2}{K^2}+\frac{\mathrm{d}}{\mathrm{d}x}\left(\frac{Q^2}{2gA^2}\right) \tag{1-49}$$

式中：Y 为水面高程；x 为距离；Q 为流量；K 为流量模数，对于一定过水断面形式而言，是 Y 的函数；A 为过水断面面积，同样也是 Y 的函数；g 为重力加速度。

上述方程式所描述的，实际上是一系列的水面曲线。对于一定流量来说，只要河段出口位一定，水面曲线的形式就完全一定。因此，此情况下的单值条件相似，包括三个方面：河床边界的几何相似；河段出口水面高程或水深的几何相似；河段进口的流量相似。显然，这里的流量比尺和长度比尺是不能任意选定的，需受到式（1－49）所导出的比尺关系所约束。一般来说，只要满足了上述三方面的相似，河段中各部分的一维水流都应自动相似。

但是，对于原型和模型的严格相似，一般是很难做到的。首先，由于严格的几何相似很难做到，故与几何相似密切相关的动态相似和阻力相似，即紊动相似，也很难严格做到。其次，由描述这一物理现象的方程式所导出的比尺关系式很难同时满足，因此动力相似本身就难以严格做到。可以想象，对于边界条件变化的泥沙模型，问题就更加复杂了。因此，目前进行的模型试验，一般都不可能做到与原型严格相似而只能做到近似相似。但实践表明，只要确保实现关键作用力的相似准则，就能实现主要现象的近似相似，模型试验是能够达到解决实际问题所要求的精度的。基于上述讨论，在进行模型设计时，对于各种有关矛盾，如何抓住主要的，照顾次要的，忽略不重要的，必须针对所要解决的主要问题和物理现象的市值，进行深入细致的分析，再做出最终的设计决定。

1.1.4 量纲分析法

1. 量纲与单位

一个物理现象可以包含多种物理量，常见的物理量有长度、质量、时间、密度、速度、力、能量等，表征物理量类别的标志称为量纲，又叫因次、尺度。

量纲主要有基本量纲和导出量纲两类。其中基本量纲是基本物理量的量纲，彼此独立，任何一个基本量纲均不能由其他基本量纲及其组合来描述和替代。常见的基本量纲有3个，分别为质量、长度和时间，常用符号为 [M]、[L]、[T]。

还有一类是导出量纲，它们由基本量纲的不同组合形式来表述。其中一部分可由定义直接导出，如速度的量纲 [L/T]，加速度的量纲 $[L/T^2]$，面积的量纲 $[L^2]$，密度的量纲 $[M/L^3]$ 等。其他部分可由描述物理现象的最简单的关系式导出，如牛顿第二定律可导出力的量纲：

$$[\mathrm{f}]=[\mathrm{M}]\left[\frac{\mathrm{L}}{\mathrm{T}^2}\right]=\left[\frac{\mathrm{ML}}{\mathrm{T}^2}\right] \tag{1-50}$$

由层流剪切力与应变的关系式 $\tau=\mu\dfrac{\mathrm{d}u}{\mathrm{d}y}$ 可导出动力黏滞系数的量纲：

$$\frac{\left[\dfrac{\mathrm{ML}}{\mathrm{T}^2}\right]}{[\mathrm{L}^2]}=[\mu]\frac{\left[\dfrac{\mathrm{L}}{\mathrm{T}}\right]}{[\mathrm{L}]} \tag{1-51}$$

$$[\mu]=\left[\frac{\mathrm{M}}{\mathrm{LT}}\right] \tag{1-52}$$

以上式中：[f]、$[\mu]$ 分别表示力和动力黏滞系数的量纲。

量纲用来阐明物理量的属性，而单位是用来度量物理量的，用单位度量可确定物理量的大小。两类量纲的共同点是每种量纲都有与之对应的单位，基本量纲有对应的基本单位，导出量纲有对应的导出单位。它们之间的不同点是同一种量纲存在不同的度量单位，即便是同一类的度量单位也有大小之分，量得的数值是不同的，但表达的量的大小是不变的。

作为适用于度量各种物理量的一般情况，假定两种体系的三个基本单位分别是 u_1、u_2、u_3 和 u_1'、u_2'、u_3'，两体系之间可通过转换系数 A、B、C 联系起来，有

$$\left.\begin{aligned}u_1&=Au_1'\\u_2&=Bu_2'\\u_3&=Cu_3'\end{aligned}\right\}\tag{1-53}$$

设此物理量的量纲为 $[M^aL^bT^c]$，则对应两种体系的导出单位分别为 $u_1^au_2^bu_3^c$ 和 $u_1'^au_2'^bu_3'^c$。用他们量得的物理量的数值分别为 x 和 x'，则有

$$\begin{aligned}x(u_1^au_2^bu_3^c)&=x[(Au_1')^a(Bu_2')^b(Cu_3')^c]\\&=xA^aB^bC^c(u_1'^au_2'^bu_3'^c)\end{aligned}\tag{1-54}$$

则

$$x'=xA^aB^bC^c\tag{1-55}$$

由公式（1-55）可得，当所度量的物理量具有一定量纲时，如所用的基本单位不同，度量得到的数值是不同的，另外还可看出，如所度量的是一个无量纲的由若干物理量组成的综合体，则因为 $a=b=c=0$，故无量纲综合体的数值大小是不变的。这意味着对同一组物理量来说，用小的基本单位度量，得到的物理量的数值都比较大；反之，用大的基本单位来度量，则物理量的数值都比较小，但各物理量数值上的大小并不改变由它们组成的无量纲综合体的数值。试想若用同一种基本单位来度量大小不同的两组属性相同的物理量，得到的各物理量的数值自然也大小不同。但在适当的搭配下，它们可能也同样不改变无量纲综合体的数值。因此，无量纲综合体数值不变，即可理解为前者，也可理解为后者。对于后一种情况，若能进一步证明描述某一物理现象的物理方程式可改为等价的无量纲综合体组成的方程式，就表明大小两组物理量可由数值上完全相同的物理方程式所描述，故它们也是彼此相似的。

机械运动范畴内常见物理量及其量纲见表 1-1。

表 1-1　常见物理量及其量纲

物理量	常用符号	量　纲	单　位	备　注
		[M]、[L]、[T]	国际单位制	
长度	l	[L]	m	m（米）
时间	t	[T]	s	s（秒）
质量	m	[M]	kg	kg（千克）
力	F	$[ML/T^2]$	N	N（牛顿）
速度	v	[L/T]	m/s	
加速度	a	$[L/T^2]$	m/s^2	
面积	A	$[L^2]$	m^2	
体积	V	$[L^3]$	m^3	
流量	Q	$[L^3/T]$	m^3/s	
密度	ρ	$[M/L^2]$	kg/m^3	
容重	γ	$[M/L^2T^2]$	N/m^3	

续表

物理量	常用符号	量纲	单位	备注
		[M]、[L]、[T]	国际单位制	
压强（剪切力）	$P(\tau)$	$[M/LT^2]$	N/m^2，Pa	N/m^2，Pa（帕斯卡）
功（能量）	$W(E)$	$[ML^2/T^2]$	J	J（焦耳）
功率	P	$[ML^2/T^3]$	W	W（瓦特）
动力黏滞系数	μ	$[M/LT]$	Pa·s	
运动黏滞系数	υ	$[L^2/T]$	m^2/s	

2. 物理方程式的和谐性及齐次性

对于任何一个合理的物理方程式，其量纲必是和谐的，即物理方程式中各项的量纲或由基本量纲组成的综合体必定是完全一致的。因为量纲是物理量属性的标志，如果一个物理方程式中各项量纲不和谐，就表示不同的项具有不同的物理属性，它们不可能相互加减和等同。

1.1.5 π定理及其具体运用

π定理是量纲分析的主要内容。该定理可叙述如下：

任何一个物理过程，如果包含有 n 个物理量，涉及 m 个在量纲上相互独立的基本量纲，则这个物理过程可由 n 个物理量组成的（$n-m$）个无量纲数所表达的关系式来描绘。因这些无量纲数用 π 来表示，故称此定理为 π 定理（证明从略）。

设影响物理过程的 n 个物理量为 X_1、X_2、…、X_n，则此物理过程可用一完整的函数关系式表述：

$$f(X_1、X_2、\cdots、X_n)=0 \tag{1-56}$$

设这些物理量包含有 m 个在量纲上相互独立的基本量纲，按 π 定理，这个物理过程可以用（$n-m$）个无量纲的组合量 π 表达的关系式来描述，即

$$F(\pi_1、\pi_2、\cdots、\pi_n)=0 \tag{1-57}$$

应用 π 定理的步骤如下：

（1）观察和分析所研究的物理现象，确定影响这一现象的各个物理量，即写成式（1-56）。此处所说的有影响的物理量，是指对所研究的现象起作用的所有各种独立因素。例如，研究声波的传播，主要包括介质的物理性质、边界的几何特性、波动的运动特征等。影响因素（可为变量，也可为常量）列举得是否全面和正确，将直接影响分析的结果。这是首要的，也是较困难的一步，只能凭借人们对所研究现象的深刻认识和全面理解来确定。

（2）从 n 个物理量中选取 m 个基本物理量，作为 m 个基本量纲的代表，m 一般取 3。因此要求这三个基本物理量两个是独立的，即这三个物理量不能组合成一个无量纲数。设表示基本物理量 X_1、X_2、X_3 的量纲式为

$$\left.\begin{aligned}[X_1]&=[L^{\alpha_1}T^{\beta_1}M^{\gamma_1}]\\ [X_2]&=[L^{\alpha_2}T^{\beta_2}M^{\gamma_2}]\\ [X_3]&=[L^{\alpha_3}T^{\beta_3}M^{\gamma_3}]\end{aligned}\right\} \tag{1-58}$$

则 X_1、X_2、X_3 不能形成无量纲数的条件为

$$\begin{vmatrix} \alpha_1 & \beta_1 & \gamma_1 \\ \alpha_2 & \beta_2 & \gamma_2 \\ \alpha_3 & \beta_3 & \gamma_3 \end{vmatrix} \neq 0 \tag{1-59}$$

(3) 从三个基本物理量以外的物理量中，每次轮取一个，与这三个基本物理量相除（也可相乘），组合成一个无量纲的 π 项，这样一共可写出（$n-3$）个 π 项：

$$\left.\begin{aligned} \pi_1 &= \frac{X_4}{X_1^{a_1} X_2^{b_1} X_3^{c_1}} \\ \pi_2 &= \frac{X_5}{X_1^{a_2} X_2^{b_2} X_3^{c_2}} \\ &\cdots \\ \pi_{n-3} &= \frac{X_n}{X_1^{a_{n-3}} X_2^{b_{n-3}} X_3^{c_{n-3}}} \end{aligned}\right\} \tag{1-60}$$

式中：a_i、b_i、c_i 为各 π 项的特定指数。

(4) 每个 π 项即是无量纲数，即 $[\pi]=[L^0 T^0 M^0]$。因此，可根据量纲和谐原理求出各 π 项的指数 a_i、b_i、c_i。

(5) 写出描述现象的关系式：

$$F(\pi_1、\pi_2、\cdots、\pi_{n-3})=0 \tag{1-61}$$

这样，就把一个具有 n 个物理量的关系式简化为（$n-3$）个无量纲数的表达式。如前所述，无量纲数才具有描述自然规律的绝对意义。所以式（1-61）才是反映客观规律的正确形式，而且也是进一步分析研究的基础。

包括 π 定理在内的量纲分析法是在研究物理过程中经常使用的一种有效方法。对于包含变量比较少的物理现象，譬如说 5 个以下，无论是用一般量纲分析法或 π 定量，都可大体上确定物理方程式的结构形式，并借助于实验及野外观测资料来确定其系数。对于包含变量比较多的物理现象，只要不超过 6 个，运用 π 定理可以确定 3 个无量纲综合体，借助实际资料，以一个 π 为参数，另两个 π 为纵横坐标值，仍然可以确定这一物理现象的定量关系。如果包含更多的变量，则得到的无量纲综合体将超过 3 个，只有孤立地研究各个变量，或无量纲综合体的影响，才能确定它们的定量关系。

利用 π 定理确定无量纲综合体，除有助于在寻求物理方程的某种结构形式时得到启示之外，本身还具有独立的意义。这些无量纲综合体往往是控制物理现象的重要判数，如水流运动中的雷诺数、弗劳德数；泥沙运动的劳斯数、希尔兹数之类。它们同时还是控制模型与原型相似的相似准则。

量纲分析法还可用于校核物理方程式的合理性，即其量纲和谐性；检查经验系数是否有量纲，有何种量纲；另外，还可据以进行单位换算。

包括 π 定理在内的量纲分析法，是建立在一般物理概念基础之上的数学分析法。要想使用量纲分析法研究具体物理现象而取得较好成果，还必须对具体物理现象进行理论及实验研究。从前面的论述中可以看到，在进行量纲分析时，如果遗漏了重要的自变量，或多选了无关紧要的自变量，甚至如果基本物理量选择不恰当，都可能使得到的结果不能鲜明

地反映出事物的规律性。而所有这些问题都是不可能从量纲分析方法本身找到答案的，更不用说推求它们的定量规律了。正确地了解量纲分析法的有效性及其局限性有助于正确地、恰如其分地使用这种方法。

最后还须指出，上面的论述都是针对基本量纲或基本单位仅为 3 个的情况来说的。假如不止 3 个，譬如说还增加了温度这样一个基本物理量，则应增加新的量纲及新的单位。这样基本量纲或基本单位就变成了 4 个，处理方式会略有不同。量纲分析方法的实质是一样的。

1.2 实体模型试验

1.2.1 定床河工模型试验

定床河工模型通常分为，能基本满足几何相似的正态模型和几何相似偏离较大的变态模型。设计定床河工模型的首要问题，是确定单值条件中物理量的比尺关系式的问题。但是，要将模型做到严格与原型几何相似是很难的。这里暂不讨论为解决某些困难问题而有意识地采用的平面比尺和垂直比尺不一致的变态模型。即使这两种长度比尺一致的正态模型，由于原型的地形资料不可能十分详尽，模型的制作精度也存在一定问题，一般只能做到大体上的几何相似，局部地形的完全相似已经很难做到，更不用说微地形的相似了。另外，模型也不一定能做到总是位于阻力平方区内。正因为这样，对模型和原型的惯性力阻力比是否能做到自动相似，是不能掉以轻心的。也就是说，在模型的设计、制造和检验过程中，这一要求应该予以足够重视，使它能得到满足。

能基本满足几何相似的正态模型必须遵守的比尺关系式为

水流连续相似：

$$\frac{\lambda_t\lambda_u}{\lambda_l}=1 \tag{1-62}$$

或

$$\frac{\lambda_Q}{\lambda_l^2\lambda_u}=1 \tag{1-63}$$

惯性力重力比相似：

$$\frac{\lambda_u^2}{\lambda_l}=1 \tag{1-64}$$

惯性力阻力比相似：

$$\lambda_f=1 \tag{1-65}$$

或

$$\lambda_n=\lambda_l^{1/6} \tag{1-66}$$

另外，在设计模型时，为了保证模型与原型水流能基本上为相同的物理方程式所描述，还有两个限制条件必须同时满足：

模型水流必须是紊流，要求模型雷诺数为

$$Re_m>1000\sim2000 \tag{1-67}$$

不使表面张力干扰模型的水流运动，要求模型水深：

$$h_m > 1.5\text{cm} \tag{1-68}$$

从相似理论的基本要求出发，模型自然以满足几何相似做成正态为好，这样就为模型的动态和动力相似提供了十分重要的前提条件。但是，在有些情况下，由于种种条件的限制，不得不在某种程度上降低几何相似的要求，将模型做成变态。一般来说，这种限制主要来自两个方面：

（1）模型的平面比尺不能过小（即模型不能过大）。在不少情况下，由于试验场地面积的限制，使模型不能够做得太大，也就是模型的平面比尺不能太小。除了场地面积这个因素以外，还有建造模型的工作量问题，以及模型建成以后模型试验运转的工作量问题。供水系统的流量限制也是一个重要因素。

（2）模型的垂直比尺不能过大（即模型垂直方向的深度不能过小）。主要是模型的水深不能太小，如果模型的水深过小，就有可能引起一系列的问题：如模型中的流速太小，量测精度难以保证；模型水流的雷诺数太小，不能保证水流的充分紊动；表面张力影响太大，超过了允许限度；模型所要求的糙率系数太小，采用一般制模材料，即使尽可能磨光，也难以达到要求，等等。

如上所述，在有些情况下，一方面模型的平面比尺不能太小，而另一方面模型的垂直比尺又不能太大，只好把模型的平面比尺定得大一些，而把垂直比尺定得小一些，即取 $\lambda_l > \lambda_h$，$\lambda_l/\lambda_h = \eta$ 称为变率。不难设想，按照这种比尺设计制成的模型小河，和原型大河对比起来，宽度和长度相对较小，而深度则相对较大，在几何形态上模型失去了与原型的严格相似性，因此叫作变态模型。

变态模型必须遵守的比尺关系为

水流连续相似：

$$\frac{\lambda_t \lambda_u}{\lambda_l} = 1 \tag{1-69}$$

或

$$\frac{\lambda_Q}{\lambda_l \lambda_h \lambda_u} = 1 \tag{1-70}$$

惯性力重力比相似：

$$\frac{\lambda_u^2}{\lambda_h} = 1 \tag{1-71}$$

惯性力阻力比相似：

$$\lambda_{f_b} = \frac{\lambda_h}{\lambda_l} = \frac{1}{\eta}, \lambda_{f_w} = 1 \tag{1-72}$$

或

$$\lambda_{n_b} = \frac{\lambda_h^{3/2}}{\lambda_l^{1/2}} = \frac{\lambda_l^{1/6}}{\eta^{2/3}}, \lambda_{n_w} = \lambda_l^{1/6} \tag{1-73}$$

另外，以下两个限制条件也必须同时满足：

紊流限制条件：
$$Re_m > 1000 \sim 2000 \tag{1-74}$$

表面张力限制条件：

$$h_m > 1.5\text{cm} \tag{1-75}$$

这样，就得到正态河工模型全部比尺的表达式及主要限制条件。在设计模型时，一般根据任务性质、场地大小，并考虑可能供应的流量大小，首先确定模型的长度比尺 λ_l，在 λ_l 一经确定后，其他比尺即可根据上述相应比尺关系式算出。

这里值得进一步讨论的是糙率系数比尺 λ_n。糙率比尺是由惯性力阻力比相似条件决定的，由于长度比尺远大于 1，因此 λ_n 也是一个大于 1 的数值。例如，当长度比尺 λ_l 为 500 时，糙率比尺 λ_n 为 2.81，也就是模型的糙率要比原型小得多，仅为原型糙率的 1/2.81。以长江中下游为例，原型糙率约为 0.025，相应模型糙率仅为 0.0089。糙率的大小是与河床表面的粗糙程度直接关联的。河床表面越粗糙，糙率就越大；河床表面越光滑，糙率就越小。根据实践经验，一般纯水泥粉光的表面，其糙率约为 0.012；即使光滑得像玻璃那样，其糙率也只能小到 0.01。前述实例中所要求的模型糙率 0.0089 是不大容易达到的。一般来说，如果原型糙率较小，而长度比尺选得太大；选得太大，则模型糙率就有可能无法达到要求。这一点是在选择模型比尺时必须注意的。模型糙率主要决定于模型所用材料及处理方式，另外还与地形有关，在设计模型时只能根据经验大致选定。是否能真正满足比尺关系的要求，只有通过验证试验才能确定。

定床河工模型，即使是正态的，由于不可能做到严格的几何相似，上述由惯性力阻力比相似导出的糙率比尺是否满足要求难以确知，由惯性力重力比相似导出的流速比尺虽然能确切算出，并在施放流量时得到充分考虑，但能否真正做到动态相似，也有待验证。因此，验证试验对于只能做到近似的河工模型，几乎在任何情况下都是必要的。

定床河工模型的验证试验，通常包括两个部分：一个是验证水面线相似；另一个是验证流速场相似。进行验证试验时，对每一级流量、模型试验河段的尾水位按原型资料进行控制，待水流稳定后进行相应的水位、流速、流态观测。对比原型及模型试验成果，如果水面线相符，表示总的糙率相似得到满足。如果模型水面偏高，则表示模型糙率偏大，应该减糙。如果模型水面偏低，则表示模型糙率偏小，应该加糙。在试验河段有较多水位站的条件下，不但可以判断整个河段糙率的相似情况，也可以判断河段中各个部分糙率的相似情况。水面线不符，不但表明糙率不相似，也同时影响到流速不相似。但在通常情况下，特别是大江大河，由于水深相对较大，水位的不相似对流速的影响是很小的。

对比原型及模型试验成果，如果流速流态相符，则表示河床地形的几何相似及糙率分布相似满足较好；如果不相符，则表示这两者的相似还存在问题。在这种情况下，首先要对模型制作的精度做深入的检查，并进一步收集原型地形资料，特别是局部地形资料及糙率分布资料，找出模型偏离原型的原因，作出相应的改正。在试验河段进出口处的流速流态不相似，往往是受模型进口和尾门的影响，应进行检查，并采取相应措施（如在口门处加设导流装置，在尾门处调整单宽流量的分布等），加以排除。

1.2.2 动床河工模型试验

动床河工模型试验和定床河工模型试验对比起来有两个特点：一个特点是，模型水流挟带泥沙。在一般情况下，原型水流既挟带有悬移质，又挟带有推移质。悬移质中既有在自然情况下基本不参加造床的冲泻质，又有参加造床的床沙质；推移质中既有粒径接近悬移质中床沙质的沙质推移质，又有粒径远较悬移质为粗的卵石推移质。模型水流所挟带的泥沙应与原型相对应，并做到相似。另一个特点是，模型周界是可动的，在挟沙水流作用下，发生冲淤变化，周界形状不固定。这一点，模型也应与原型相对应，并做到相似。

以上两个特点正是动床模型区别于定床模型的地方，也是动床模型在许多情况下较定床模型更接近实际的地方。当原型河床冲淤变化较大，而这种冲淤变形及挟沙水流的运动对有关工程设施影响甚大时，动床模型试验往往是重要的有效研究手段，有时甚至是主要的有效研究手段，而不是分析计算或定床模型试验所能完全代替的。

然而，上述两个特点却为进行模型试验带来了很大的困难，由于挟沙水流运动规律十分复杂，各种相似要求之间存在的矛盾远较清水水流为大，不容易做到像清水水流那样相似。除此之外，由于要施放挟沙水流并做到相似，模型的供水供沙系统及测控装置比较复杂，而每进行一次模型试验，地形必须重新塑制，加上模型沙的制备，工作量往往十分巨大。以上这些困难，使得进行动床模型试验远较定床模型试验复杂、艰巨。近年来进行了大量的挟沙水流的模型试验，积累了比较丰富的经验，在挟沙水流模型设计和模型测控技术方面均有所创新，有所前进。

动床模型与定床模型不同，除满足水流运动相似之外，还需满足泥沙运动相似。能满足泥沙运动相似的动床河工模型必须遵守的比尺关系式，可以参考《河流模拟》（谢鉴衡，水利电力出版社，1990）中相关内容。

本书中模型设计一般如下：依据试验研究内容及条件，根据模型设计理论，按几何相似、水流运动相似、泥沙运动相似和河床冲淤变形相似准则进行。模型几何比尺及模型沙选定后，按相似准则，对各比尺进行计算，其中一部分需通过验证试验确定。

1. 几何相似

在满足试验内容和要求的情况下，考虑模型场地和模型沙的相似性等条件，确定模型平面比尺和垂直比尺。

2. 水流运动相似

重力相似：

$$\lambda_u=\lambda_h^{1/2} \tag{1-76}$$

阻力相似：

$$\lambda_n=\lambda_h^{2/3}/\lambda_l^{1/2} \tag{1-77}$$

水流连续相似：

$$\lambda_Q=\lambda_l\lambda_h\lambda_u \tag{1-78}$$

水流时间比尺：

$$\lambda_{t_1}=\lambda_l/\lambda_u \tag{1-79}$$

式中：λ_l、λ_h、λ_u、λ_n、λ_Q、λ_{t_1}分别为平面比尺、垂直比尺、流速比尺、糙率比尺、流量比尺和水流运动时间比尺。

3. 悬移质泥沙运动相似

（1）沉降相似。根据悬移质三维扩散方程，写成比尺关系式：

$$\lambda_\omega = \lambda_u \frac{\lambda_h}{\lambda_l} \tag{1-80}$$

式中：λ_ω为沉速比尺。

依据实测悬移质颗粒级配，在模型水温与原型水温基本接近时，选择滞留区的静水沉速公式，导出粒径比尺：

$$\lambda_{d1} = \lambda_\omega^{1/2} / \lambda_{\frac{\gamma_s-\gamma}{\gamma}}^{1/2} \tag{1-81}$$

式中：λ_{d1}和$\lambda_{\frac{\gamma_s-\gamma}{\gamma}}$分别为粒径比尺和相对容重比尺。

（2）起动相似。起动流速相似要求起动流速比尺等于流速比尺：

$$\lambda_{u_c} = \lambda_u \tag{1-82}$$

式中：λ_{u_c}为起动流速比尺。

根据泥沙起动流速计算公式，可导出悬移质泥沙粒径比尺。另外也可以现场取样进行水槽实验来确定原型沙的起动流速，进而根据起动流速比尺确定模型沙的起动流速，再次通过水槽试验来确定模型沙的粒径。

（3）挟沙力相似。根据悬移质扩散方程的床面边界条件和挟沙力公式，导出水流含沙量比尺：

$$\lambda_s = \lambda_{s_*} = \frac{\lambda_{\gamma_s}}{\lambda_{\frac{\gamma_s-\gamma}{\gamma}}} \left(\frac{\lambda_h}{\lambda_l}\right)^{\frac{1}{2}} \tag{1-83}$$

式中：λ_s、λ_{s_*}、λ_{γ_s}分别为含沙量比尺、水流挟沙力比尺和泥沙容重比尺。

当悬移质满足沉降相似和挟沙能力相似时，即能满足异重流发生条件、运行及淤积等方面的相似。

（4）河床变形相似。根据表达悬移质运动的河床变形方程，导出河床变形的比尺关系式，求出河床变形时间比尺：

$$\lambda_{t2} = \frac{\lambda_l \lambda_{\gamma_0}}{\lambda_u \lambda_s} \tag{1-84}$$

式中：λ_{t2}、λ_{γ_0}分别为悬移质河床变形时间比尺和泥沙干容重比尺。

4. *床沙运动相似*

（1）起动相似。推移质的起动相似同样要满足：

$$\lambda_{u_c} = \lambda_u \tag{1-85}$$

式中：λ_{u_c}为起动流速比尺。

利用起动流速公式，结合起动相似条件，可导出粒径比尺。

（2）挟沙相似。挟沙相似就是要求单宽输沙率相似。单宽输沙率比尺原则上可以从单宽输沙率公式导出。一般来说，可根据沙莫夫公式或窦国仁公式导出输沙率比尺。由于影响卵石推移质输沙率的因素复杂，特别是由于河段卵石推移质输移过程中有间歇性，补给条件很难估计。因此，通过公式计算同时参考同类泥沙模型的经验，求得推移质输沙率比尺。另外也可利用实测原型河床变形资料，通过模型验证试验反求。

（3）河床变形相似。根据河床变形方程，导出河床变形时间比尺：

$$\lambda_{t3} = \frac{\lambda_{\gamma_0} \lambda_h \lambda_l}{\lambda_{g_b}} \tag{1-86}$$

式中：λ_{t3}、λ_{γ_0}、λ_{g_b}为河床变形时间比尺、泥沙干容重比尺，为推移质输沙率比尺。

1.3 小结与分析

自然界的各种物理现象都是由有关物理量相互作用反映出来的特定的物理过程。在这个特定的物理过程中，各物理量之间常存在一定的内在联系。描述各物理量这种内在联系的数学关系式就是所谓的物理方程式，建立和求解这样的物理方程式是研究物理现象的一个重要途径。然而，这样的物理方程式远非在所有情况下都能建立起来，也远非在建立起来之后就可求解，至少在现阶段对于一些比较复杂的物理现象是如此。在这种情况下，往往不得不采用经验办法，例如通过整理分析野外观测及室内试验资料，探求经验性的物理方程式；或者设计及制作与原型相似的模型，重演所研究的物理过程。当采用这些办法时，量纲分析法往往是一个十分有用的工具。它有助于寻求物理方程式的合理结构形式及探索模型与原型的相似准则。所谓量纲分析法，实际上就是通过分析各种物理量的属性及其量度规则来寻求各物理量之间某种相互关系的方法。

模型试验是建立在相似论基础之上的，只有相似论所规定的相似条件得到满足，模型和原型才是相似的，才能根据模型中的试验成果推断原型中的情况。因此，要对模型试验的实质有比较明确的认识，必须对相似论的实质有比较明确的认识。由于现有模型试验理论与技术尚不完善，因此若以较高的标准来衡量，则相当一部分已经完成的和正在进行的泥沙动床模型在设计及试验过程中都存在问题。在对天然河流进行模拟时，若几何边界条件和起始条件等均能与原型相似而做成正态模型是最理想的，但在必须满足一些基本要求的条件下，就必须要建造很大的模型。大多数情况下，建造可以满足要求的正态模型是不经济、不现实的，甚至是不可能的。因此，常按照模型相似理论对实体模型进行变态处理，也即是将模型进行几何变态。然而，使用几何变态的方法时常常会遇到一些问题，有些问题甚至被认为是难以调和的。

此外，天然河道中泥沙的颗粒分布很广，常常从0.005mm以下到100mm以上。这些泥沙的运动形式也很不相同，有悬沙输移，也有底沙包括卵石推移，在某些情况下还有异重流形成。在河道中各种粒径泥沙的冲淤是一个统一的整体，互相影响，互相制约。在模型中单独试验某一部分颗粒的泥沙，只复演其某一种形式，不可能很好地解决水利工程中的泥沙问题。为了更好地解决工程实际问题，需要在一个模型上同时复演各种粒径泥沙的运动，即在一个模型上进行悬沙和底沙的综合试验。然而由于泥沙运动规律极为复杂，对它的认识还很有限，在一个模型中同时复演悬移质和推移质，困难很大。长江科学院在三峡水库泥沙淤积研究过程中，开展了悬沙底沙和卵石的综合模型试验，阐明了平面水流的相似条件，底沙的起动和沉降相似条件，悬沙的扬动和沉降相似条件，异重流的相似条件，各种泥沙的输沙量和冲淤相似条件以及时间比尺。论证了不管是在正态模型中还是在变态模型中，只要水流同时满足重力相似和阻力相似，底沙和悬沙同时满足起动（或扬动）、沉降和输沙率相似，那么底沙、悬沙和异重流的冲淤时间比尺就一致，从而就有可能在一个模型中进行悬沙和底沙的综合试验。

总之，模型试验由于种种条件限制，往往不得不从严格的相似要求后退，将某些本来应该遵守的比尺关系，人为地让它产生一些偏离。此外，泥沙运动的有关比尺，有些是一经选定不能更改的，如泥沙的密度比尺及粒径比尺，有些则是选定后可以调整的，如含沙量比尺和时间比尺。这一方面是因为，决定这些比尺的公式不一定很确切（例如水流挟沙力公式），而比尺中有关数据也不易定得很确切（例如原型沙和模型沙的干密度等）；另一方面是因为，泥沙的悬移相似及起动相似也不一定能得到充分保证。此外，还有一些别的问题，例如动床糙率不容易做到很相似，时间变态不可避免，等等。这些问题的存在，都会不同程度地影响到模型比尺的调整。因此，在理论指导下开展验证试验是必需的。

第2章

模型测控技术的研发

2.1 模型试验基础建设

大多数水沙运动和河床演变过程都非常复杂，往往很难直接用分析研究和计算方法求解，而利用模型试验则可能直接方便地观测。因为工程泥沙模型试验可以模拟一定的空间与时间范围内天然河流的某些演变过程或预测修建工程后的发展趋势。因此，近一个世纪以来，这种解决工程问题的手段越来越多地被加以利用，模型试验的理论与技术也得到了一定的发展。比如天然河流和水库上下游河床的冲淤变化问题、河道整治建筑物或桥墩附近的局部冲刷问题、海岸港口或河口整治的泥沙问题、水力枢纽和电站机组的泥沙防护问题、渠系的泥沙问题等，都可借助于工程泥沙模型试验进行研究。20世纪70年代以后，我国水利科研单位及一些大专院校对长江、黄河、珠江、淮河等诸多河流的泥沙问题进行了大量的基本理论研究和试验工作，模型试验技术迅猛发展，特别是在泥沙问题研究上整体处于国际领先水平，泥沙模型模拟技术处于国际领先地位。与此同时，物理模型试验设备和量测仪器不断创新和发展。目前，工程泥沙模型试验仍是研究河道水流泥沙运动与河床演变的重要手段之一。

长江水利委员会长江科学院作为长江治理开发研究的重要技术支撑力量，长期从事水流泥沙运动规律、河流湖泊演变与整治、水利枢纽工程泥沙问题、调水工程泥沙问题、河流开发利用、潮汐河口治理、河流模拟技术和理论、涉水工程防洪评价、环境泥沙问题及水利血防技术的研究、河道治理规划、防洪规划和流域规划研究，以及河道整治工程技术等方面的研究，进行了大量的工程泥沙模型试验工作，取得了丰富的模型试验研究技术经验和丰硕的成果。

2.1.1 试验场地

工程泥沙模型试验一般需要较大的试验场地，其占地面积应根据研究任务的要求和将来发展的可能来确定。场地的大小除能够建造试验的模型外，还应能布置各种配套设备。模型试验场地一般分为室内场地和室外场地。工程泥沙模型试验一般都在室内进行，可以避免风沙雨水和气温变化的影响，以及阳光的强烈照射，不仅保证了试验的模拟条件，也保证了试验人员有较好的工作环境。室外场地受自然条件因素限制太多，不利于模型试验工作的正常进行，除了风雨天气外，强烈的阳光易使模型发生裂缝、变形和损坏，电气设备及测量仪器的正常运行也受到限制，也较易损坏。为此，有必要根据模型实际的占地情况建简易的工棚。实践证明，简易式工棚是解决露天试验场缺陷的较好办法。

试验场地可以是永久性或是临时性的，永久性的试验场地要考虑长远发展，并需兼顾多方面的试验要求。试验场地的总体布置需考虑各主要试验设备应布置紧凑，减少占地面积，并使供水和回水管路缩短，既方便工作，又不相互干扰。试验场地的各种设备在使用上都是互相配合的，因此在布置上要综合考虑，既要考虑每种设备本身的要求，又要照顾总体规划的需要；既要考虑各模型和设备之间平面的布置，又要考虑高程之间的联系。除了安排模型和设备的位置外，还要布置通畅的交通道路、堆放模型沙以及其他试验材料的场地。总之，试验场地布置是一项综合性很强的工作。目前，国内很多科研机构和一些大专院校都具有一定规模的模型试验场地和试验大厅（图 2-1）。

图 2-1　三峡坝区泥沙试验厅

试验大厅的规模首先应根据专业发展规划的需要而确定，一般取决于实验项目与配套设施的种类和数量，同时考虑远期发展的需求，留有一定的余地。试验大厅内还要考虑设置好模型供水管路、排弃废水管路以及回水渠等灌渠系统设置。

2.1.2　供水系统

供水系统是河工模型设备中的主要组成部分，可分为清水系统和浑水系统。一般是根据试验需要来设置清水系统或浑水系统。清水系统包括水库（蓄水池）、水泵、平水塔、供水管、溢水管和回水渠（或回水槽）等，采用循环式水流系统。浑水系统则在清水系统的基础上增加了存沙池、搅拌池、沉沙池、调节水池和泥浆泵等，浑水系统又分为水沙分离系统和水沙不分离的混合系统。

供水系统就供水方式而言，可分为自流式和循环式两种。自流式（亦称重力式）供水系统是利用天然河渠或水库的水源，不需消耗动力来输水，而靠水流自身的重力作用，自流引入模型，经试验后再通过泄水道泄入下游河道。这种系统设备比较简单，除引水闸和排水渠外，固定设备较少，投资小，运行经济，维护方便。但是，一般工程泥沙模型试验场所的建立与布置很难有这样好的自然条件，水质保证也有问题，目前很少见这样的供水系统。循环式供水系统依靠水泵将水从蓄水池中直接抽至模型使用，或者将水提升到平水塔后，再靠水体的重力作用供给各个模型使用，经试验后再由回水渠返至蓄水池，如此往复循环。此种系统的优点是能保证不间断供水，模型供水靠压力水管输送，调整布置都很方便。

工程泥沙模型试验供水系统一般都采用循环式水流系统。以往的循环式水流系统常采用平水塔来稳定供水水流，但是平水塔的作用很难达到理想的稳定程度。20 世纪 80 年代中期以后，模型试验供水系统中的平水塔设施逐渐不采用了，原因是：①我国电网供电质量的提高，系统电压较为稳定，水泵运行较为平稳；②先进的电子量测控制设备及计算机的应用，供水流量的稳定性大幅度提高；③平水塔设施不能完全解决管路中的水流漩涡、气泡等不平稳因素，造价也比较昂贵。

解决水流的紊动和流量的稳定是由流量自动控制系统或其他措施来保证的，同时在泵型的选择上也有所变化。现在常选用低水头大流量的水泵抽水，如采用水头低而效率较高的轴流式或混流式水泵，不仅减少了所需设备造价，还可省电节能，减少系统的运行费用。

水泵的动力功率计算公式为

$$P=\frac{9.81QH}{e} \tag{2-1}$$

式中：P 为动力功率，kW；Q 为总流量，m^3/s；H 为扬程，m；e 为电动机和水泵的综合效率，通常取 $e=70\%$。

动力功率算出后，可根据流量组合情况进行水泵机组的选择。在实际运用中，备以数套动力大小不同的电动水泵联合运用，比运用大功率单机组经济方便，根据流量的变化灵活组合，随时增减运行机组的数目，节能省电；另一方面当试验间隔时间较长时可以轮换使用，又便于维修。

1. 水泵房的设置

在整个模型试验场地的平面布置上，一般将水库（蓄水池）和泵房设置在模型进口附近的位置，使供水管路较短，水泵电机功率较小，节约能源，节省材料，方便维修。但也要考虑到一个泵房为多个模型供水的情况。

地面泵房：选用地面泵房的好处是自然通风采光良好，泵房内干燥明亮，散热条件好，有利于设备运行和维修；不足之处是系统运行时电机与水泵的噪音较大，影响试验环境。

地下泵房：选用地下泵房的最大好处是噪声对外影响小，设备防寒保温条件好，同时，通过合理的设计可使水泵不抽真空就可方便的启动运行；不足之处是环境阴暗潮湿。因此地下泵房应设置良好的通风照明设施，尤其是排水装置。

2. 配供水管路

配水管用以输送模型所需流量，其管径、数量和布置应根据模型试验要求，满足供水流量的需要。一个模型最好独立配置一个配水管路，以免试验中因多管路变换流量而相互影响。但由于试验项目较多、具体布置上的困难和经济上的原因，往往一个配水管要供给几个模型的用水。因此，在具体设计时必须根据供水范围及同时进行试验的数量，以及考虑到配水管路的管径进行均匀布置。

在没有平水塔的供水系统中，供配水管路中一定要设置回水溢流管路，以防止流量自动控制系统中的调节阀全关，导致水泵脱泵而中断模型试验。另外，回水溢流的大小有利于流量控制的调节。

配水管路通常采用直径为 10～50cm 的钢管，管径是根据水流系统设备及试验场最远距离处需要的最大供水量来决定（图 2-2）。同时，还应将流量自动控制系统的管路及管径一并考虑，以便合理选用相应的流量计、调节阀、截止阀等配套设备。

图 2-2 供水管路

配水管路也可采用铸铁管，但一般很少采用，因铸铁管脆性大、强度差，容易破损。供配水管路可埋入地下或架设空中，以方便试验场地的通行。

供水管路的出水管安装直接通至量水堰或模型前池，但为了保持水流稳定可在量水堰前端或模型前池中加设平水消浪设施。

3. 回水渠

水流通过模型尾门后经回水渠流回蓄水池，完成了水流的循环，其布置应按照各模型的位置和场地规划合理安排，使几个模型能连通同一个回水渠。

回水渠一般用砖砌成或采用钢筋混凝土建筑，顶面加钢筋混凝土盖板。回水渠的断面根据回水泄流量的大小来确定，同时又要考虑清理时所需要的断面最小面积和渠底的纵向坡度。进行浑水试验时，要求回水渠内有足够的流速，以防止泥沙的淤积。回水渠有时兼作蓄水池使用，以减小蓄水池的容积，这时回水渠断面和长度的设计，应考虑到蓄水池的要求。

4. 蓄水池

蓄水池用来储存整个试验的用水，其平面位置和高程要根据整个水流系统的统一规划来确定，一般布置在试验厅内外的地面以下。

蓄水池的容积应能容纳试验场各部分试验用水量的总和，包括试验模型、回水渠、配水管路以及同时使用的各种管槽等设备中的水量，有平水塔的供水系统还应包括平水塔的容积，可以通过分别计算出各个部分的水量来确定。此外，还应包括蓄水池最低水位（即死水位）以下的容积。

蓄水池的深度一般在 2～4m，深度太深，会增加地下结构的复杂程度和加大基建的造价。但是，为了防止水泵工作时脱泵，一般在水泵吸水管处设置集水井，局部增加蓄水池的深度，使蓄水池的最低水位总能淹没水泵底阀，以保证水泵的正常运行。

2.1.3 供沙系统

河工模型做泥沙模型试验的基础设施还需要相应规模的供沙系统，有的专业书籍和教科书将供沙系统归纳为水流系统中的浑水系统。

供沙系统一般有两种类型：水沙分离系统和均一浑水系统。水沙分离系统是在模型的起端放入清水，在模型首部附近设置高浓度的浑水搅拌池，使浑水与清水一起混合后进入模型的试验河段，并根据所要求的含沙量确定清浑水流量比，并在模型尾部和蓄水池之间设置有足够长度和深度的沉沙池，将多余的模型沙收集起来再重复使用。水沙分离系统中，除加沙机和沉沙池以外，其他部分均和清水系统完全一样。均一的浑水系统，是将模型沙与清水拌和均匀后送入模型进行试验，这样的浑水系统在蓄水池内需要安装专门的搅拌设备。为了防止泥沙的沉积，在搅拌池和回水渠中，都必须保持一定的流速。

1. 搅沙池

搅沙池用来拌匀和储存具有一定含沙量的浑水，一般采用钢筋混凝土或砖砌的圆形结构，尺寸大小根据模型的加沙量确定，同时选择搅拌电机的功率和搅拌机叶轮的大小（图2-3）。搅沙池采用的搅拌方式有机械搅拌和水力搅拌两种，机械搅拌是利用机械的动力带动叶片进行搅拌，水力搅拌则是利用水力沿切向或者直接冲击搅沙池进行搅拌。

图2-3 搅沙池

进行推移质泥沙模型试验一般不使用浑水系统，只需在模型首部利用加沙机加沙，在模型尾部设置沉沙池集沙即可。

2. 沉沙池

沉沙池用来进行推移质泥沙模型试验或进行悬移质水沙分离系统的泥沙模型试验，而不考虑使用浑水循环系统时，在模型尾部与回水渠的连接处应设置沉沙池，以沉积从模型内流出的模型沙，其尺寸可按模型沙的粒径、沉速、起动流速和试验中的最大流量来计算。

沉沙池有条渠式的水平沉沙池、带有坡度的U形沉沙池与装有蜂窝斜管的圆形或方形沉沙池。蜂窝斜管沉沙池是采用自来水厂的沉沙收沙方式，具有沉沙效率高，缩短沉沙时间，占地面积小等优点，但需要增加相应的设备与器材，而其他类型的沉沙池则需要较多的人工来清理和回收模型沙。

2.1.4 供电系统

试验场地的供电设施一般分为照明系统和动力系统。照明系统主要用于试验场地与试验大厅的照明，动力系统主要用于试验动力设备，如大功率的供水水泵系统、生波生潮系统、供沙搅拌系统以及模型沙加工系统等。

模型量测控制系统的测量仪器和自动控制设备的用电，应与试验场地和试验大厅内的照明系统和动力系统分闸供电，避免供电干扰。

由于泥沙实体模型试验场地都与用水有关，环境潮湿，供电设施与机电设备都应有漏电安全保护措施。另外，还应注意用（配）电的分相平衡，避免供电频繁跳闸。

2.1.5 接地系统

泥沙模型试验场地无论是室内的还是室外的，永久性的或临时性的，其供电系统都要有牢靠的接地保护，其目的就是为工作人员和电子仪器、电力设备提供安全的防护措施，并为测量信号电压提供一个稳定的零电位参考点（信号地或系统地）屏蔽保护作用。在建筑物供配电设计中，接地系统设计占有重要的地位，因为它关系到供电系统的可靠性，安全性。不管哪类建筑物，在供电设计中总包含有接地系统设计，而且，随着建筑物的要求不同，各类设备的功能不同，接地系统也相应不同。尤其是进入20世纪90年代后，大量的智能化楼宇的出现对接地系统设计提出了许多新的要求和内容，试验场地、试验大厅与试验设备控制室的接地系统都可以参照智能楼宇的电气保护与接地。

关于智能建筑弱电系统的接地问题，过去往往要求弱电系统设置单独的接地系统，不与其他电气系统接地网共用。然而，近些年来在引进的国外建筑工程设计和学习国外技术的建设项目中，采用大建筑面积的建筑物以及建筑群日益普遍。目前，建筑物的共用接地方法在国内外已经达成共识，它不但可以节约大量投资，而且科学合理、切实可行和施工方便，同时可以得到极佳效果。一般方法是接地体利用大楼基础地梁内主筋，防雷接地、保护接地及各弱电设备接地利用同一接地体，其接地电阻应不大于1Ω。

建筑物的接地系统设计应由建筑设计单位根据弱电系统的要求进行，为弱电系统在应用部位提供相应接地端子。采用联合接地极时，弱电接地引出线和强电接地引出线不能从同一点引出。两者应相距3m以上。

大多数弱电系统采用联合接地方式是可行的，但从实际应用的角度而言，应注意两方面的问题：①计算机系统采用超大规模集成电路导致的抗高频干扰性差，极易受到其他系统的干扰；②计算机设备抗雷击能力弱。因此，计算机系统的接地最好采用单独接地方式。对于其他抗干扰要求高的设备，例如电磁流量计和其他专用的测量仪器的接地应避免和强电接地线相通。

在实际应用中还应注意以下几点：

(1) 系统中强电设备动力线和测量信号线不能合用同一公共零线（地线），应分开使用公共线。而且动力线也应按功率大小不同分为若干等级，如果功率等级相近且影响很小时，则可将同功率量级的动力线合用一根公共线。

(2) 不应把噪声电平相差很大的电路接入同一组公共线接地。

(3) 应注意模拟信号地线、数字信号地线及电源地线之间的隔离。

(4) 强电设备中的零线一般均接大地。由于安全上的需要（如防止设备漏电流而触电及防雷击等），电子测量仪器的外壳、框架等也往往要接大地。这样由于强电电器绝缘下降造成的漏电以及供电系统负载不平衡等原因，接地零线中必将产生很大的回路电流，并由此产生接地压降和干扰。这时，如果信号地线不适当地任意接地，那么这一很大的回路电流必将通过信号地线引起严重的干扰。因此，一般情况下，信号地线可不接大地。如果信号地线需要接地，则应集中单独可靠地在一点接大地。

(5) 地线应尽可能地短。

(6) 屏蔽电缆的屏蔽层不能作为信号地线用。

详尽的接地方法和施工方法可参考有关专著，特别的仪器设备还要参照随机的仪器安装使用说明书进行。

2.2 模型试验设备

过去的河工模型试验，量测与控制处于手工或半自动化的水平，一般很难保证数据获取的准确性，整体的试验精度更难以保证。不但试验人员的工作量大，而且无法做到实时、连续、同步检测和控制试验过程，这些都直接影响着试验效率和成果质量。

2.2.1 流量测量与控制

河工模型试验需要流量的精确测量与控制，这是物理模型模拟天然水流条件是否相似的基础。河工模型中传统的测定流量方法是采用量水堰、文德里水计或孔板流量计，这些设备都具有简便和不易损坏等优点，但是观测速度慢和难于集中观测与自动显示，测量精度也较低。20世纪70年代中期开始，工业流量计被引用到河工模型，至今已有40余年的历史。长江科学院应用了几种国内生产的差压、涡轮、玻璃转子、旋翼式水表、电磁等多种原理的流量计，并作了大量的校验和对比。经过比测和运行表明，这些工业流量计对规模较大、控制条件复杂的河工泥沙模型也是适用的，其中电磁流量计不仅精度高，而且安装、操作简便，具有较多优点，很适宜用于含泥沙的浑水模型的流量测量。

1. 量水堰

量水堰是堰槽类的量水设备，河工模型采用最多的量水堰型式是三角堰、矩形堰，其基本原理是利用伯努利定律导出堰顶水头和流量之间的关系，通过测量堰顶水头计算出相应的流量。流量公式可表示为

$$Q=CBH^{n} \tag{2-2}$$

式中：Q 为流量；B 为堰宽；H 为堰顶水头；C 为流量系数，由率定试验确定；n 为指数，随堰顶的型式而不同。

对于矩形堰，$n=3/2$。堰高和堰宽尺寸的选择由模型最大流量和最小流量确定，一般要求堰顶水头不得小于3cm，以免受水流表面张力和水的黏滞力影响过大；堰顶水头也不得大于堰高的一半，以减少对流速的影响；出水引槽槽壁应向前伸出，略微超过堰板位置，使水舌过堰后不致立即扩散；水舌下的空气必须畅通，一般在水舌和堰板之间设置通气管，避免水舌下发生吸压贴流现象；堰槽内应设置消浪栅使水流平稳；测针孔位置应设置在距堰板距离为6倍堰上最大水深处；堰板与渠道边墙及底板的交接处必须牢固和不透水，堰板强度应能承受最大流量而不致变形或损坏，堰板必须光滑平整、无刻痕。堰壁应与来水流向和引槽垂直相交，引槽须等宽，堰板垂直，堰顶水平，通常薄壁堰堰顶在水流方向的尺度小于2mm，堰板厚度大于2mm时，缺口要做成锐角，倾斜面在下游，斜面与缺口顶面及侧面的交角不小于45°。量水堰板在安装、使用前应进行校验。

矩形堰适合于测量较大流量，三角堰适用于小流量测量。对于三角堰，$n=5/2$，堰口形状一般采用90°，堰槽宽度为堰顶最大水头的3～4倍，其他要求与矩形堰基本相同。三角堰用于小流量测量时精度较高。

复合式堰是由三角堰和矩形堰两部分组合而成，其堰板形式上半部分为平口、下半部分为三角形，优点是能适应较宽范围的流量测量，当流量较小时，实际上就是三角堰，因此在较大的流量变化范围内能保证测量的精度。

薄壁堰制作简单、使用方便、量水精度较高，误差为1%～2.5%，所以在实验室、水利工程、工业和给水工程中常常采用。根据量水堰流量公式（2-2），可论证矩形和三角形量水堰水头量测误差造成的流量计算误差。式（2-2）中，C、B 可看作与水头无关，对式（2-2）微分后可得

$$\frac{\mathrm{d}Q}{Q}=\frac{CBnH^{n-1}\mathrm{d}H}{CBH^{n}}$$

化简后得

$$\frac{\mathrm{d}Q}{Q}=n\frac{\mathrm{d}H}{H} \tag{2-3}$$

由式（2-3）可知，流量的相对误差与水头成反比，亦即水头越大，相对误差越小。如果测量水头有1%的相对误差，则计算流量所得的相对误差将达n%。对于矩形薄壁堰，$n=1.5$；对于三角形薄壁堰，n取2.47～2.5。可见，量测水头的误差会造成更大的计算流量误差。因此，对水头测量特别是对三角堰的水头测量仪器，应要求有较高的精确度，并且尽量减少人为观测误差。

使用量水堰时还应注意：量水堰测量的流量都是用公式计算的，模型试验前应进行实流流量曲线率定；另外，河工模型在做浑水试验时，模型沙淤落在量水堰内大多时会破坏量测条件，影响测量准确度。

2. 电磁流量计

电磁流量计是国内河工模型采用最普遍和数量最多的一种流量计。电磁流量计工作原理是电磁感应原理。众所周知，法拉第电磁感应定律表明，当一个导体在通过电板的磁场中运动时，将在导体内感应产生一个电动势。流体就是运动中的导体，当流体流过外加的磁场时，就会感应产生电动势，电动势的大小与流体的流速成正比。流体感应产生的电动势信号由两个测量电极检出，经放大整形后，送到模拟/数字转换器转换为数字信号，而后送到计算机存储，计算机根据测量感应电动势大小和管道横截面积计算出流量。根据原理要求，被测的流动液体必须具有最低限度的电导率。电磁流量计原理如图2-4所示。

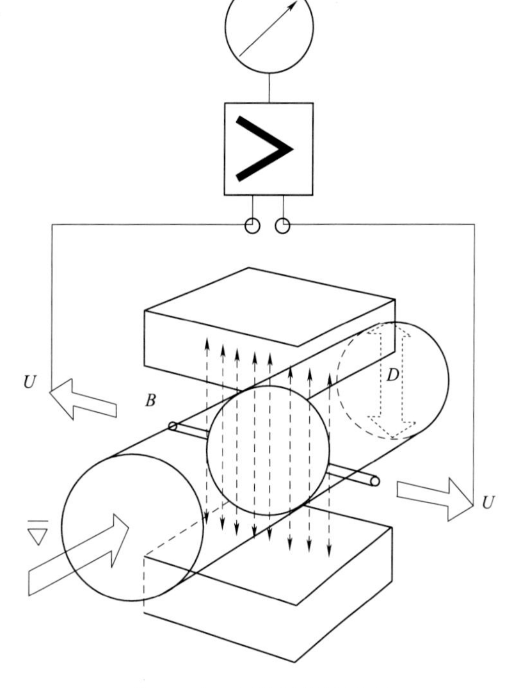

图2-4 电磁流量计原理

电磁流量计的感应电动势为

$$E=BDV \tag{2-4}$$

式中：B为磁场强度；D为电极间距；V为平均流速。

管道中的流体体积流量为

$$Q=AV \tag{2-5}$$

式中：A为管道横截面积。

电磁流量计测量管内无阻流件，无压力损失，结构简单，工作可靠。直管段要求低，测量精度不受流体的压力、温度、密度、黏度、电导率（不少于最低电导率）等物理参数变化的影响。

早期的电磁流量计采用交流正弦波励磁，由于使用工频电源，易受外部动力线、信号电缆杂散感应电容和管道系统杂散电流的干扰，指示仪表零点漂移大，稳定性差。现在高准确度的电磁流量计大多采用直流方波励磁，有的还采用了低频三态方波励磁技术。方波励磁是比较先进的技术，它减少了正弦波励磁原理的零点漂移、易受干扰和涡流效应等缺点，提高了仪表的准确度和稳定性，同时大量减少了励磁电流的功耗，节约了电能。

基于上述优点，电磁流量计在流量测量中得到了广泛应用。

对于河工模型，选用电磁流量计应注意以下几点：

（1）被测流体不应含有较多的铁磁性物质或气泡，应根据被测流体的模型沙特性以及被测流体的温度、压力、腐蚀性、磨损性等特性选择相应的压力等级、管道衬里材料、电极材料及仪表结构形式。

（2）电磁流量计由变送器和转换器两部分组成。现在的定型产品分为一体型和分体型两种，一体型即电磁流量计的变送器和转换器两部分组装在一起。用户可根据模型现场需要选型。对于较大口径的流量计，最好选分体型的，以免设备体积大、重量大给安装和运行维护造成不便。图2-5为长江科学院贡嘎机场二跑道模型安装的电磁流量计。

图2-5 电磁流量计

（3）通常选择流量计口径与连接的工艺管道口径相同，既可满足设备配套需要，又安装方便，并且没有压力损失。前提是管内的流体流速应在0.3～12m/s范围内。体积流速的换算公式为

$$Q(\mathrm{L/s})=0.0007854D^2V \tag{2-6}$$

在流速偏低而又要求准确度较高的场合，可选口径小于工艺管道口径的流量计，以提高测量准确度。此时流量计上、下游须加装异径管，异径管的中心锥角 α 不大于15°。加装异径管会产生压力损失，压力损失由三部分组成：①渐缩管中的压力损失 $\Delta P_1=\rho\xi_1 V_2^2/2$；②测量管中的压力损失 $\Delta P_2=\rho\xi_2 V_2^2/2$；③渐扩管中的压力损失 $\Delta P_3=\rho\xi_3 V_1^2/2$。有

$$\Delta P=0.01(\Delta P_1+\Delta P_2+\Delta P_3)(\mathrm{mbar}) \tag{2-7}$$

式中：ρ 为介质密度，kg/m^3；ξ_1、ξ_3 为渐缩管、渐扩管的雷诺数有关的系数；ξ_2 为测量管的系数，$\xi_2=0.02$；V_1、V_2 为工艺管道、传感器测量管中的流速，m/s。

（4）对容易黏污电极的模型沙或模型含沙量较高的水流，可以选用刮刀式电极或可更换式电极的电磁流量计。

（5）一般的电磁流量计是非满管型的产品，在校验或使用测量时流体应充满管道。对于大口径的流量计可在传感器上游加装排气阀和压力表，以排除空气，监测是否满管。

另外，电磁流量计在安装时，应当注意正确的安装方法，详见电磁流量计安装说明书。

2.2.2 水位测量

水位测量是河工模型试验中最基本的测量要素之一，也是过程控制的参量。水位不但是调节模型出口流量，也是调度水库运转和枢纽建筑物闸门开启度的依据。长期以来，一直沿用传统的“水位测针”测具。但是，对于大规模的河工模型以及水位过程的频率变化，特别是对于非恒定流水位变化的测量，如果没有快速测量的电子水位计、水位的自动测量与自动控制，潮汐模型的潮波模拟是不可能实现的。由此可见，水位计是河工模型水位测量与控制的关键性仪表。

河工模型测量水位的仪器设备主要有水位测针、探测式水位仪、光栅式水位仪等。模型使用的水位测量仪器除水位测针外，尚无国家定型产品。国内水利科研部门大都使用自行研制的水位测量仪。

1. 水位测针

水位测针是国家定型产品。水位测针标尺长度有 40cm、60cm 两种型号。图 2-6 为安装在模型的水位测针。测针标尺表面附有游标标尺进行测读，小数点后第二位需要估读，测量读数只能估读到 0.1mm。

较新的产品有容栅水位测针，配有液晶数字显示器，可以减少人为读数误差。容栅式水位测针的分辨率为 0.01mm，准确度为测量范围 0～200mm 时为 ±0.04mm、测量范围 200～400mm 时为 ±0.06mm，400mm 全长误差不大于 0.1mm，重复性为 0.01mm。但是，使用这种水位测针应特别注意测尺的运动速度不要太快，测量速度和瞬间速度不得超过 1.5m/s，否则会造成测量显示紊乱、数据失真。

图 2-6 安装在模型的水位测针

水位测针一般固定安装在测针筒上方，便于测针直接测量筒内水面，也可将测针安装在测架上直接测量模型水面。测针安装以稳固垂直为准，并需要经常检查测针针尖是否损坏弯曲，测针是否松动，零点是否变化。测针筒与模型水位的连通管常常会形成泥沙淤塞现象，产生阻尼作用，容易造成水位测量误差。测针针尖接触水面的状态不同也会造成测量误差。

由于水位测针使用简单方便、不易损坏、价格便宜，这一传统测具至今仍然使用。但是，对于较大规模的河工模型，试验操作人员要在各水位站来回奔走观读，耗费时间，使用水位测针不能同步测量，也不能集中测量显示，特别是对于潮汐模型或是要模拟洪水演进的非恒定流模型等，水位测针是无法胜任的。因此，水位测针只能用于恒定流模型，或常用来在模型验证试验时做水面线校验，以及与水位仪对比检测之用。

2. 探测式水位仪

20 世纪 90 年代，长江科学院研制的另一种数字式探测水位仪。数字式探测水位仪以步进电机驱动丝杆使探针上下移动，当探针接触到水面时，程序控制立即命令电机反转将探针提起，过一段时间再探测水面，探测间隔时间可调。该数字式探测水位仪结构紧凑，能克服水表面张力、不受水温水质变化的影响，运行可靠性高，计数准确，由单片机直接记录步进电机的运行脉冲数，测量分辨率高，测量数据远程传到控制室由计算机处理，可直接绘制水位过程曲线或表格。系统软件能控制同步测量、自检和各台传感器独立测量等多种运行模式。

2.2.3 流速与流向测量

流速分布与流向是确定流体运动的主要特性之一，水流的流速与流向测量是河工模型试验中经常需要观测的要素和测验项目。流速、流向的测量方法可分为接触式和非接触式两类。接触式的有旋桨式流速流向仪、热线流速仪、电磁流速仪、超声多普勒流速仪等。非接触式的有激光流速仪和粒子图像测速系统（PIV/PTV）等，其中激光流速仪不需标定，能检测水流以及泥沙颗粒的运动速度。

2.2.3.1 旋桨流速仪

旋桨流速仪适合测量水流点流速的时均流速，河工模型目前应用较多的是电阻式旋桨流速仪和光电式旋桨流速仪两种。

1. 电阻式旋桨流速仪

如图 2-7 所示，传感器支杆内侧镶嵌有两个电极。两个电极有导线连接至支杆顶部的接线孔，外接导线传至计数器输入端。传感器的旋桨由两个玛瑙轴承支承，旋桨在水流的推动下转动，两个电极间水电阻受旋桨转动影响呈现周期性变化。利用计数器的输入电路将此水电阻的变化变换成电脉冲，并由计数器计数，记录单位时间内旋桨转动的次数，从而求得流速值。流速计算公式为

$$V=KN/T+C \tag{2-8}$$

式中：V 为流速，cm/s；K 为传感器率定系数；N 为旋桨转数；T 为采用时间，s；C 为叶轮常数，因叶轮惯性引起的起动流速，cm/s。

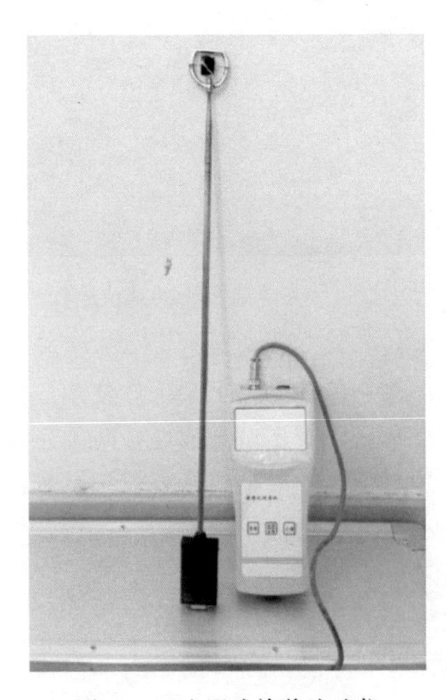

图 2-7 电阻式旋桨流速仪

旋桨的灵敏度，与旋桨的尺寸和扭角有关。有研究表明，直径较大、扭角较大的旋桨灵敏度较高，而流速范围却较窄。旋桨的长度和直径与旋桨扭转的角度尺寸都会影响旋桨的测速范围、灵敏度或启动流速。旋桨尺寸关系到受力面积的大小，当扭角定时，受力的面积越大，则灵敏度越高。很明显，旋桨的长度和直径都不宜过大，过大则测点大，扰动大，而且过分增大尺寸，将增加叶片的质量，超过一定限度时，不一定能够达到提高灵敏度降低启动流速的目的。

研究还表明，当旋桨长度尺寸等于旋桨直径尺寸时，旋桨受力面积有极大值。如果为了减小扰动的范围而减小旋桨的直径而增加旋桨的长度，可以保持同样的灵敏度。

电阻式传感器的优点是结构比较简单，易于实现，但其阻值大小受水温、水质、电极大小和氧化程度、旋桨与电极间隔距离等因素影响。采用这种方法采集转速信号，在电极间会产生极化现象，即使是以交流供电，也不可能完全避免极化的发生。但是，只要旋桨旋转时引起的电阻变化能保证计数的正常进行，也就能保证流速仪的正常工作。因此，电阻式传感器在使用的过程中要定时对电极加以清洗，减少极化积累的影响，同时要经常检查旋桨转动是否正常，防止细小杂物和纤维缠绕旋桨。

长江科学院研制的电阻式旋桨流速仪计数器经过了由电子管、晶体管分立元件电路、PMOS/CMOS 数字门电路集成块、集成运放的集成电路，直至计算机计数编程的不断升级。

2. 光电式旋桨流速仪

光电式旋桨流速仪的传感器旋桨叶片边缘上贴有反光镜片，传感器上端安装有发光源，经光导纤维传至旋桨处，当旋桨转动时，反光镜片产生反射光，经另一组光导纤维传送至光敏三极管转换成电脉冲，由计数器计数。流速计算公式与式（2-8）相同。

光电式旋桨流速仪主要由南京水利科学研究院研制。最常用的是 LGY-Ⅱ型智能便携式流速仪和 LGY-Ⅲ型多线智能流速仪。LGY-Ⅱ型智能流速仪是种便携式超小型流速仪，配置 1 个光电旋桨测杆，仪器内置存储器等，功能丰富，使用简单方便，并特别设计安装了直流锂电池供电路（内有过流、短路保护装置）。这种便携式超小型流速仪在没有交流电源，以及难以大规模布置测杆的场所非常适用。

LGY-Ⅲ型多线智能流速仪的测量性能指标与 LGY-Ⅱ型单测杆便携式超小型流速仪基本相同。其特点如下：

1）多线流速仪配置 8 个光电旋桨测杆，可单路独立测量，也可 8 路同步测量或自检。

2）仪器配置 RS485 标准通信接口，具有通信功能，本机可作为从站（计算机作为主站），实现主从式测量系统。主站发送指令，从站接收指令、采集数据，主站接收数据并进行数据处理。

3）多线流速仪经 RS485/RS232 转换，计算机可以控制多台多线流速仪同步采集与处理，最多可以控制 10 台 80 个测杆工作。

LGY-Ⅱ型智能便携式流速仪和 LGY-Ⅲ型多线智能流速仪不仅广泛应用于水工、河工和港工模型试验的流速测量，并且已应用在交通、水利等其他行业的流速、风速和流量的测量中。

电阻式和光电式旋桨流速仪适用于清水或含沙量不太高的水流，当含沙量过大时影响流速系数，光电式的甚至不能测量；水流中不应有纤维、水草、发丝等杂物，以免影响旋桨的旋转而出现不真实的测量数据，有时缠住桨叶而不能旋转，仪器无法工作。因此，模型试验使用这两种旋桨流速仪时，应经常检查旋桨旋转是否正常。

旋桨流速仪现在一般都制作成直读式计数器，其电路原理框图如图 2-8 所示。

从原理框图可知，由传感器产生和转换的光电流速信号 N，经放大整形后，首先送入乘法器运算，乘以斜率 K，变成 KN。然后通过讯号门将 KN 值送入除法器，除以选定的测量时间 T，就成为 KN/T。再将此值送入计数译码显示电路，显示的即为 KN/T 值。常数 V_0 在测定时间内不参加运算，因此只要在计数器复零后计算前，用预置的办法

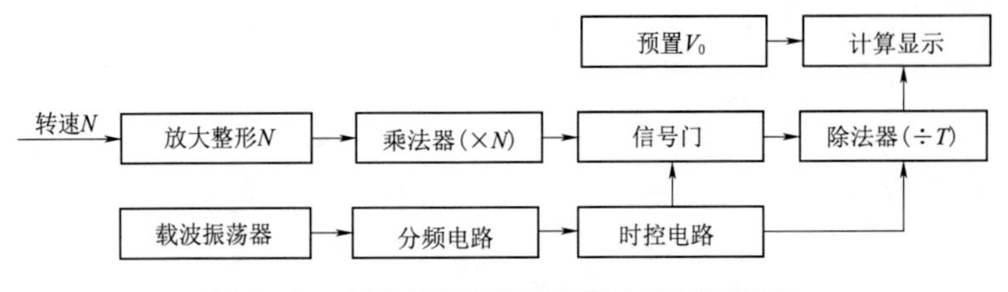

图 2-8 直流式流速仪计数器电路原理框图

将 V_0 值预置在计数器内，开门讯号一到，计数器不是从零开始计数，而是从 V_0 开始计数，这样 V_0 值就自动加进显示出来的流速值中了。时控单元主要用于自动控制整个计数器的开门、计数、关门、传显、复零等程序的自动循环过程。音频振荡和时基分频单元构成测量时间 T。

这种电路最主要的特点是能直接读出流速，不需再经换算，节省计算时间，提高测量效率。

2.2.3.2 粒子图像流场测速系统

河工模型试验早期的流场显示测量技术是在水流中注入染色剂、抛洒纸片，夜间则在水面放置蜡烛浮标或电光浮标作为示踪物，用照相机进行间歇拍摄，在同一张照片上显示出不同时刻的示踪物位置，从而得到示踪物运动轨迹及其运动速度。随着计算机技术、光学技术和图像技术的不断进步，从 20 世纪 90 年代中期开始，粒子图像流场测速技术在河工模型试验中得到了快速的发展及广泛地应用，成功实现了流场的非接触快速测量。

粒子图像测速（PIV）技术是“Particle Image Velocimetry”的缩写，也称之为粒子示踪图像全场测速技术（Particle Tracking Velocimetry）和数字化粒子图像测速技术（Digital PIV 和 Digital PTV）。

PIV 是 20 世纪 90 年代开始迅速发展起来的瞬态流场测试技术，PIV 技术是在传统流动显示基础上，利用图形图像处理技术发展起来的一种新的流动测量技术。它综合了单点测量技术和显示测量技术的优点，克服了两种测量技术的弱点而形成的，既具备了单点测量的精度和分辨率，又能获得平面流场的整体结构和瞬态图像。目前它的分辨率已经达到了毫米级，清晰度也很高，速度测量范围也很宽。以双 YAG 脉冲激光源组成的 PIV 系统为例，其测速范围在 0.01～1200m/s，足以适应一般流场研究的需要。

从原理上说，PIV 技术有三部分：第一是跟随流体运动的微小粒子；第二是形成两个时刻的粒子图像并精确控制其间的时间间隔；第三是处理图像，求位移 ΔX 和 ΔY，由此求出速度值。

PIV 系统设备一般由计算机、示踪粒子、脉冲激光器、CCD 相机、同步控制系统、系统硬件控制及数据采集处理软件包。测量时首先将微小的示踪颗粒撒入流体之中，这些颗粒跟随流体运动，以粒子速度代表其所在流场内相应位置处流体的运动速度，然后将激光束扩展为片光，以很短的脉冲间隔照亮待测流场区域两次。两次照射分别被跨帧高分率 CCD 相机记录下来，粒子运动的位移图像经计算机数据分析软件处理即可求出流场的速度值和方向。世界上首家推出 PIV 商品的是美国的 TSI 公司，其系统设备和处理软件在不断升级。目前国外有许多家仪器公司，如德国 LaVision 公司、丹麦 DENTEC 公司等在这个领域都有较为先进的系统产品。国内科研人员根据 PIV 和 PTV 的基本原理，已成功开发出应用于大型河工模型表面流场测量的粒子示踪测速系统。

长江科学院从 1996 年开始首次引进中国科学院力学所研制的 DPIV 系统，应用于南水北调穿黄工程和三峡船闸冲放水的模型试验研究中，其后又引进清华大学研制的 DPTV 系统，并不断将系统软件升级，在以三峡枢纽等重点工程的泥沙模型试验中发挥了重要作用。

通过试验检验，清华大学研制的 DPTV 系统具有以下特点：开发设计的软件包括图像采集、预处理、数据存取、干扰信号的剔除、比尺换算、图像定位定向、流速分布流向流态、任意方位的流速剖面、流态图打印等一系列子程序。软件功能齐全，能很快得出全流场表面流速的大小和方向。

需要注意，在大型的河工模型使用 PIV 系统时，由于摄像头安装在离水面较高的位置，模型环境光度的变化以及粒子的随水性会影响测量效果。

提取粒子的运动信息及分析算法是 PIV 系统的关键技术，从早期的傅里叶变换直接空间相关法和粒子图像间距离概率统计法等，到现在的空间相关法。粒子迹线面（PTV）技术在二维测量中已成熟，其三维技术也是国际上的热门课题，三维复杂流动及实时测址方面正在取得新的进展。

目前河工模型试验在单平面内的多参数测量，经常无法同时提供足够的参数信息来研究流体力学及泥沙问题。近年来，由德国 LaVisin 公司研制的 FlowMaser PLIF 水流多参量激光成像测量系统，采用激光诱导荧光（LIF）和粒子成像测速技术（PIV）以及拉曼、瑞利散射技术等多种技术途径结合，可应用于河工模型水沙试验研究，同时进行水流速度场、温度场、浓度场、模型沙等多参数测量。

PLIF 水流化参数激光成像测量系统利用独特的方法，将激光诱导荧光（LIF）、拉曼以及瑞利散射技术得到的浓度、混合比率、温度等关于流场的标量成像和基于粒子成像测速技术（PIV）得到的流场速度成像结合起来，分别利用干涉米氏成像（IMI）和阴影法成像实现高分辨的液滴粒径和颗粒成像。此外，利用米氏散射和激光诱导自炽光（LII）技术还可以记录粒子浓度场，激光成像建立了一套由 7 种彼此互补地提供流场信息的完整框架，即结合使用多种技术途径（PIV，LIF，Raman，Rayleigh），进行水流的 3D 表面流动、速度场、温度场、浓度场等多参数测量。利用这些技术方法的组合还可以获得流场更多的特性信息，如热传导、质量流或全局液滴粒径。这些测量方法可以同时进行，从而保证了对流场瞬态多参数的可视化和定量化测量。

FlowMaster 系统基于粒子成像测速（PIV）原理，可以测量瞬时的二维和三维流场分布。在流体中播下众多微小的示踪粒子，这些粒子可以紧随流体运动。通常把脉冲微光来变换为片状光，并使这个光片在很短的时间延迟内发射两次，两次照射均被双帧高分辨率 CCD 相机记录下来，光路与斜视所造成的图像失真可以自动得到校正。

CCD 相机记录下来的图像被分成许多积分窗口，典型尺寸为 $64\times6\sim8\times8$ 像素。在 W 次激光发射的时间间隔 dt 内，每一个小窗口有位移 ds。速度就可以用 ds/dt 来表示，子位移 ds 可以通过两个相应的积分窗口的相关性来计算，相关函数平面的最高点所在位置表示了某一特定积分面口中粒子的平均位移 ds。所有积分窗口的位移矢量最终构成完整的瞬时速度分布图。

FlowMaster设备主要优点包括属非接触式无损测量、不破坏被测水流流态、测量数据更符合实际情况。

(1) 主要设备组成及性能:

双脉冲激光器:功率200mJ/脉冲。

CCD相机:双幅逐行扫描14bit、400万像素,配置窄带滤波镜以适应边界层测量时屏蔽散射光的需要。

系统组件:长焦距显微镜的SizingMaster,专门用于水流浓度和温度场测量的TracerLIF模块,多计算机设备(主/从机配置),粒子发生器和粒子。

测量系统所有操作模式的同步基于PC的通用的可编程时间控制单元,相位锁定式测量,多计算机设备,Windows 2000/XP操作系统。

(2) 主要技术指标:

测速范围:0~1000m/s。

常规区域:400mm×400mm。

测量空间分辨率:与成像大小有关,最小可至1mm×1mm,与拍摄区域和测量速度上限有关。

以上介绍的几种流速流向、流场测量仪器,随着计算机技术和其他高新技术的发展,测量精度不断提高,技术性能不断完善,检测更趋智能化,不仅能满足模型试验中流速、平面流场的测量,而且能够应用于更加复杂的流速、流态测量,如层流、往复流、异重流等,为河流动力学基础理论试验研究以及模型试验测量提供了多种类型的量测设备。

2.2.3.3 超声多普勒流速仪

超声多普勒流速仪(Acoustic Doppler Velocimeter,ADV)的测量原理同超声多普勒流量计完全一样,是应用声波中的多普勒效应,测得发射声波与反射声波之间的频率差来求得流体的流速。

20世纪90年代在水流测流技术领域中最重大的突破是美国的SonTek海洋水文仪器公司。ADV是美国SonTek公司1993年开发应用于实验室水槽和水工模型设计制造的,最初提供给美国陆军工程兵团水道实验室,如今已成为水力及海洋实验室的标准流速测量仪器。

SonTek公司的ADV有实验室型ADVLab、现场型ADVField和海洋型ADVOcean Probe三大系列产品,其中ADVLab非常适用于河工模型的平均流速、边界层流速和紊流(雷诺应力)及波浪谱测量。

ADVLab的探头有4种形式:三维—俯视、三维—侧视、三维—仰视和二维—侧视,根据被测点位置选用,其中二维—侧视探头可用于水深极浅情况(2~3cm)。目前,ADV的最高可测水平速度为360cm/s,最大可测垂直速度为90cm/s。

ADV是一种非接触式、单点、高分辨率、三维多普勒流速测量仪,无定期校准要求并有如下性能特点:

1) 流速测量精度和分辨率高,分别为1%(±0.25cm/s)、0.01cm/s。

2) 不干扰被测点流场,采样点距探头5cm或10cm

3）测点可以离边界非常近（毫米量级）。

4）可测量极慢流速（毫米每秒量级）。

5）测速范围大，0.01～250cm/s，无须标定。

6）能对湍流参数作直接计算。

7）所测数据包括声学波发射强度，经过标定可用来确定水体中悬沙浓度。

使用ADV时应注意浑水浓度对测量效果的影响，因为超声波传播的距离还与水中态浮颗粒的含量（通常称为含沙量）有关，含沙量越大，超声波被吸收的声能就越多，也就会减小仪器的测量距离。但是，由于含沙量仅仅是吸收超声波的声能，并不改变超声波的传播速度，所以并不影响超声波的测量精度。如果超声波是垂直方向发射，还可以测量水深或水位。

2.2.4 模型地形测量

在泥沙模型试验中，河道冲淤地形的变化和泥沙淤积厚度是研究的主要对象，也涉及技术难度较大的量测技术，这主要因为其测量准确度要求高、时间性强、水流条件复杂，浑水能见度低，且要求对河床的扰动小，这些都对测量装置提出了较为苛刻的要求。过去在没有电子仪器测量的情况下，模型试验要获得试验过程中的河床地形资料，只能被迫间断试验，待模型水缓慢放尽后，用水位测针或水准仪施测。这不仅难以连续复演天然的水文过程，淤积地形往往也容易遭到破坏。

泥沙模型用的地形仪，早在20世纪60年代，国外一些河工试验室就已出现。日本的鹿岛试验所在20世纪60年代后期开始采用超声波河床断面仪，该仪器能同时测定水位和模型沙（天然沙或煤粉）所形成的河床，这种仪器能在横向架设的梁上移动，测绘河床横断面图。法国国家水力学试验室（NHL）及塞纳河的Chatou水力学试验室20世纪80年代使用的地形测量仪，安装在沿模型轨道的测桥上，测桥和测量仪都可遥控移动，测量仪装有两个探头，一个测量波浪，一个测量河床高程，所测数据可由计算机进行处理。

但是国外的动床模型多数是研究推移质泥沙的，模型沙选用颗粒较粗的塑料、锯木屑和天然砂，因此河床边界条件比较简单，水沙界面比较清晰，易于测量。而我国研究河流的大多数河工模型都是悬移质或是全沙模型。由于悬移质沿水深的分布特性，使沉积物不具有明显的界限，而且沉积物的干容重在各个淤积区域不尽相同，测量的困难很大。为了满足动床模型试验的要求，国内很多研究单位都进行了多年的地形测量仪研制与探索，取得了不少的经验。国内常用的仪器类型有电阻式地形仪、跟踪式地形仪等。

1. 电阻式地形仪

“淤面信息”的获得是地形仪的关键，从理论分析和实验数据表明，采用淤面探头可以反映模型沙淤积面（或冲刷）的高程，从而确定冲淤厚度。电阻式地形仪的淤面探头（即地形仪传感器）是利用水中和淤积物中电阻的差异来确定淤面信息的。传感器的结构是由两根平行的不锈钢丝作为电极封焊在金属套管与工程塑料或尼龙材料的圆柱体中，测量端约有2～3mm的电极伸出，电极间距2～3mm。

传感器的电极可等效为一阻抗Z_T，Z_T是传感器电极的等效电阻R_T和等效电容C_T的函数，即$Z_T=Z_T(R_T, C_T)$。

当传感器电极的几何尺寸确定后，R_T 的阻值是电极间介质导电率 σ 的函数，即 $R_T=R_T(\sigma)$ · C_T 的容值是电极间介质介电常数 ε 的函数，即 $C_T=C_T(\varepsilon)$。由于空气、水和泥沙的电导率 σ、介电常数 ε 各有差别，因而传感器的电极在空气、水和泥沙中具有不同的 Z_T 值。利用水和泥沙界面的阻抗 Z_T 的变化，通过淤面变换电路而获得“淤面信息”。

2. 电阻式 CY-Ⅰ型测淤厚仪

长江科学院在 20 世纪 70 年代首先研制了电阻式 CY-Ⅰ型测淤厚仪，该仪器是利用传感器探头在水和泥沙中的阻抗 Z_T 的不同，去控制一个音频振荡器的振荡和停振，当探头在水中时，由于水的阻抗较低，使振荡器有深度负反馈而停振，在探头刚触及泥面时阻抗 Z_T 稍有增加，负反馈减小，使振荡器产生间歇振荡，其信号经放大后由扬声器放音。使用时将传感器探头用夹具与水位测针杆连接，由测针标尺读出淤面和河床高程，两数相减即为淤积厚度。

CY-Ⅰ型测淤厚仪体积小，电路及制作简单，耗电量小，模型现场携带与操作方便，首先应用在葛洲坝工程悬沙模型。在其后的 20 多年中，电阻式测淤厚仪几经改进，仪器电路的元器件由晶体管分立元件升级为集成运放电路，使得仪器工作更为可靠，仪器外形更为灵巧，使用灵活方便。信号获取从单一的声响提示，到有音响、发光二极管、声光混合等几种形式的提示。这种电阻式测淤厚仪在长江科学院诸多的河工泥沙模型试验中长期使用，至今还在发挥它的独特作用。

3. 新型便携式 URI-1 型地形仪

2003 年，长江科学院又与其他单位联合研制了新型的便携式 URI-1 型地形仪，它不同于以往的便携式地形仪，具有不少智能功能。其主要技术性能及特点包括：可选择测量模式，测量河床地形或水位、水深，仪器定位后电机驱动探针自动测量水面和泥面，仪器自动保存数据、断面位置自动累进，利用专门配置的读卡器与计算机通信实现数据上传；测量精度为 0.5mm，水深测量范围为 0～600mm，探针速度为 150mm/s。便携式 URI-1 型地形仪不足之处是仪器体积比较大。

需要注意，电阻式地形仪是一种接触式测量仪器，对测量点的地形有一定的破坏作用。另外，测量时，人工操作应避免传感器探头快速插入泥面，淤积层在相当厚度的范围内淤面信号是一样的，在探头刚接触泥面或探头插入很深的地方读出同样的标尺读数，产生较大误差。而自动跟踪式地形仪通常的处理方式为，当传感器探头探测到淤面时，设备将探头向上提起 2～3mm，使探头与淤面保持一定的间隙，始终跟随在淤面上进行移动测量。

目前，国内外主要使用的是电阻式地形仪，特点是适应性较强，可测量淤面、洲面、边滩、浅滩的地形，对不同含沙量和不同沙质的适应性较好。存在的主要问题是对河床地形有较大的扰动。另外，由于在高含沙水流中，泥沙的淤积面不很分明，阻抗变化不明显，分辨率较差，各种模型沙的电阻特性差异也会影响对淤积面的判定，因而信号的获得不够稳定，对测量结果造成重要影响。

4. 跟踪式地形仪

长江科学院在 20 世纪 70 年代末试制了一种跟踪式地形仪 CY-Ⅱ型测淤装置。CY-

Ⅰ型测淤装置由测量车（包括跨河测桥）和操作记录器两个部分组成。

CY－Ⅱ型跟踪式地形仪测淤装置采用步进电机作为驱动与位移量测的部件，计数器显示测桥的断面位置和施测断面的测点距，垂直方向地形高程的测量采用可逆电机带动探头跟踪河床地形的淤泥表面，并从与之同轴的电位器发出位置（电压）信号，由数字电压表显示并用数字打印机打出淤积高程数据。

CY－Ⅱ型跟踪式地形仪测淤装置为泥沙模型试验河道冲淤地形变化的自动化测量奠定了基础，以后的各种跟踪式地形仪都在此基础上更新或系统功能不断升级完善。

80年代初期，黄河水利科学研究院开始采用计算机技术研制模型地形仪，经过不断地研究和多次改进，6年后研制成功HD－02型微电脑地形仪。此仪器是利用含沙量拐点测水深的原理，实际也是阻抗式传感器，系统设备主要由MEC－80单板机控制，测量结果能自动打印横断面地形、水位和水深资料。南京水利科学研究院也研制了一种跟踪式地形仪，主要是利用电桥平衡的基本原理，将传感器探头预置在床面以上一定距离，当探头偏离预设位置时，桥路电流发生变化，电桥失去平衡，从而通过控制电路驱动伺服电机，使探头返回到预设位置，始终与床面保持预设的距离。探头架设在自控测桥上，自控测桥沿断面跟踪测量淤面地形，由计算机控制和采集后，可自动生成测量范围地形图。

多年来，由于采用单片机技术及PC计算机技术研制的跟踪式地形仪经济实用，先后被多家研究单位采用，但其自动化程度及可视化方面，以及对复杂地形的测量等有关技术还有待进一步研究和完善。

2.2.5 含沙量和颗粒级配测量与控制

河工模型试验中，对模型沙的一些特性参数测量是极为重要的一项内容。对于含沙水流的动床模型，无论是以床沙为主还是以悬沙为主或是全沙模型，在试验过程中都离不开对泥沙参量的测量与控制，其主要任务是对含沙量和粒度分布（即颗粒级配分析）的测量与控制。

泥沙测量的传统方法有以下几种：

烘干称重法：是要抽取一定水体的浑水样，用过滤纸或纱布过水后，在烘箱中烘干，再用天平或电子天平称重得到含沙量。

比重瓶置换法：是用预先率定好的比重瓶装灌浑水样，测量水温，再由天平或电子天平称重计算得其含沙量。

传统的颗粒级配测量分析方法有筛分法、比重计法、粒径计法、吸管法等。筛分法用于较粗泥沙的颗分，后三种方法则适用于粒径小于1mm的细沙。原则上来说，规范上允许的方法都能使用。这几种方法虽然常规有效，但有的存在系统误差和操作误差。传统的含沙量测量与颗分方法，测量时间长，工作量大，速度慢，费工费时，有的还要求有相当的熟练技术。如吸管法，不是专业人员不容易掌握。特别是在泥沙模型的试验过程中，这些传统的方法不能及时反映和确定含沙量与粒径的变化。从取样、操作到成果计算出来的历时太久，不能适应模型时间比尺的要求，也就难于控制含沙量和颗粒级配。

采用分散在液相中的粉粒体对透射光强度削弱的原理，测定物料浓度和进行粒度分析，是一项早为人们熟悉的测量技术，20世纪20年代就开始研究应用光电法测定微粒的级配分布。长江科学院在20世纪70年代中期结合葛洲坝泥沙模型的试验任务，也制作了光电测沙仪和光电颗分仪，并根据应用情况，为了减轻操作的烦琐程度，不断对仪器结构与电路作改进，采用两部仪器分别测量含沙量与粒径分析，定点连续测量和自动记录含沙量，经过长时间的运行，可获得与模型实验调节的精度。

含沙量与粒度分布的泥沙参数测量新方法，是应用了电子仪器和光电技术的发展，主要采用了光电测沙仪、同位素测沙仪、光电颗分仪、离心沉降式颗分仪、音波振动式粒度仪以及激光粒度分析仪等。目前，河工模型应用最多的是光电测沙仪、光电颗分仪和激光粒度分析仪。而同位素测沙仪由于有放射性元素的影响，使用得非常少。在现有泥沙分析室内离线检测分析的技术手段中，还应配备显微颗粒图像分析仪、比表面积孔径测定仪、真密度计、粉体综合特性测定仪（测定泥沙的休止角、崩溃角等）等模型沙特性研究的专用仪器，以利于泥沙更多特性参数的测量研究。

近些年来，激光颗分仪和超声波颗分仪技术有所发展和突破，不仅测量分析技术日臻完善，而且在线分析测量仪器与控制系统的产生，使模型试验在线测量泥沙的含沙量、颗粒级配及控制成为可能。

1. 衰减式超声波测沙仪

长江科学院于2019年引进了一台衰减式超声波测沙仪。超声波传播时会产生扩散，超声波强度产生损失，又由于介质的黏滞、摩擦、反射等原因要产生衰减。因而，超声波的声压或振动幅度按指数规律变减，在理论上一般用衰减常数表示

$$P_X = P_0 e^{-\alpha X} \tag{2-9}$$

式中：P_0 为进入介质前的声压；P_X 为进入介质 x 距离处的声压；X 为在介质中传播的距离 X，cm；α 为衰减常数，dB/cm。

超声波衰减的机理十分复杂，牵涉到介质的物质结构等许多有关的问题，此处主要是了解和利用其衰减规律。在应用或研制这种衰减式超声测沙仪时，首先要求得超声波在含沙水流中的衰减规律，利用传感器和二次仪表检测出超声波在含沙水流中的衰减系数，最终达到检测含沙量的目的。

超声波在含沙水流中传播，大部分声能的衰减属于张弛现象，在高黏性液体中，有一部分表现为滞后现象，在含沙水流中则有很大一部分表现为散射和反射，但其衰减均遵循指数规律也就是式（2-9）所表示的关系。

超声波在水中传播衰减的速度，在理论上以衰减系数来表示，在工业上常用单次超声脉冲在一定距离内多次反射的次数来衡量衰减的速度，或用多次反射的幅度按指数规律下降的速率来表示，实质上是从实验中求衰减系数。根据理论计算和实验结果，求得当含沙量在100kg/m^{3}以下时，含沙量与衰减系数呈线性关系。这给仪器的设计带来极大的便利，因而可以通过软件计算，测得含沙量的大小。

2. 激光粒度分析仪

（1）仪器结构及工作原理。图2-9是典型的激光粒度仪的原理结构示意图。从激光器发出的激光束经显微物镜聚焦、针孔滤波和准直镜准直后，变成直径约10mm的平行光束。该光束照射到待测的颗粒上，一部分光被散射。散射光经傅里叶透镜后，照射到光电探测器阵列上。由于光电探测器处在傅里叶透镜的焦平面上，因此探测器上的任一点都

对应于某一确定的散射角。光电探测器阵列由一系列同心环带组成，每个环带是一个独立的探测器，能将投射到上面的散射光线性地转换成电压，然后送给数据采集卡。数据采集卡将电信号放大，并进行 A/D 转换后送入计算机。

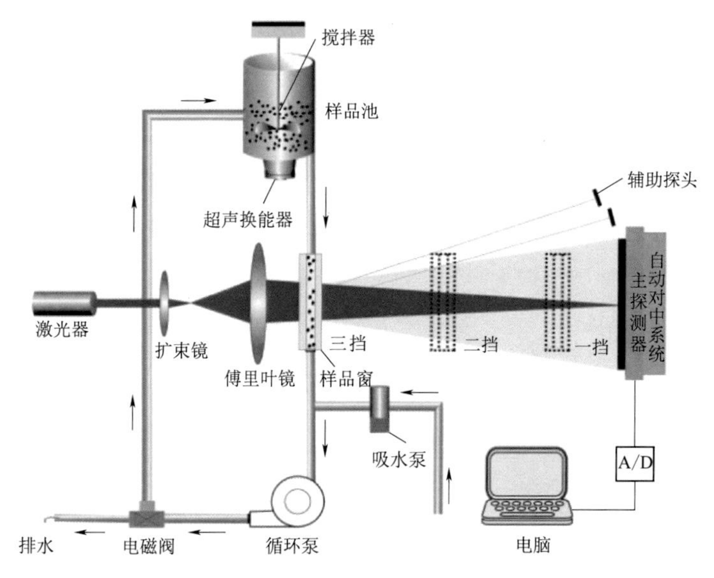

图 2-9　典型的激光粒度仪的原理结构示意图

(2) 激光粒度分析的特性。激光粒度分析是用激光（单一波长）的特殊光源，根据颗粒的光散射现象，而进行颗粒分析的一种方法。当一束平行的激光束与颗粒接触时，会产生各向散射而强度不同的散射光，当中，在其前方向的散射光强度最大，这种现象称为衍射。将这种衍射光用透镜聚光，在焦距面上得到光环（衍射环），光环的强度由粒子的大小决定。由于颗粒大小不同，衍射光线的角度与强弱也不同，这样形成的衍射光环图亦代表了一定大小的颗粒。这种方法依赖于最大光强衍射角与粒度成反比的事实，颗粒越大，散射角越小；颗粒越小，散射角就会越大。这种原理称为 Fraunhofer 光衍射原理，它是激光粒度分析仪的基本原理。激光粒度分析仪的激光衍射器通过接收和测量散射光的能量分布就可以得出颗粒的粒度分布特征。

这种方法是按照基本科学原理设定的绝对方法。因此，不需要对照标准来校准仪器。实际上，没有真正的方法可以校准激光衍射器，但可以用标准样品对仪器进行验证。

随着激光衍射法仪器的发明，粒度测量完全克服了沉降法所带来的弊端，大大减轻了劳动强度及加快了样品检测速度，测量时间从 30min 缩短到了 1min 之内。

2.3　模型测控技术

2.3.1　一种不对水沙试验产生扰动的集沙装置

在泥沙运动的研究中，一般根据水沙条件将泥沙运动分为推移质与悬移质运动。推移质通常以滚动、滑动或跳跃方式输移，对床面形态以及地貌变化发挥着重要作用。在我国南方以及西南地区的河流中，推移质泥沙（包括卵石）运动也是比较突出的问题。1948年 Meyer－Peter 和 Muller 进行了系统的推移质输沙水槽实验，并发表了建立在水槽试验资料基础上的推移质输沙率公式，至今仍被广泛使用。此后，在一大批科学家们的努力下，推移质运动的试验研究得到了巨大的发展。

在推移质运动的试验研究中，很重要的一个变量就是推移质输沙率。要测量试验过程中推移质输沙率，现在较为普遍的做法是在固定断面布置集沙器，收集上游来沙。集沙器的合理设计直接影响试验的精度及准度。现有的集沙器主要分为两类：一类是比较简单的集沙池，试验过程中，泥沙随水流运动至集沙池断面，落入集沙池中；另一类是比较复杂的水下电子秤集沙器，集沙器与电子秤相连，通过电子秤显示落入集沙池中的泥沙重量。

然而，这两类集沙器都有各自的局限性。简单的集沙池构造简单，成本低，但只能在试验结束后得到总的输沙量数据，或者试验过程中必须中断试验才能得到试验过程中的输沙率。电子秤集沙器可以得到试验过程中实时的输沙率数据，但水下电子秤构造复杂，使用成本高，而且由于试验过程中泥沙只能累积在电子秤上，考虑到电子秤精度和量程的要求，只能做输沙率相对较小的水沙试验，试验过程中总的输沙量不能超过电子秤的量程。因此，设计一种不对水沙试验产生扰动的，能够得到试验过程中的实时输沙率数据，又能够控制试验成本，而且可以进行高强度输沙试验的集沙装置，将极大地提高水沙试验效率，对水沙试验研究起到促进作用。

为了克服以上论及的两类已有集沙装置的不足之处，本书提出一种不对水沙试验产生扰动的集沙装置，该装置可以实现在不中断试验过程的情况下，得到试验过程中的实时输沙率数据。同时，可以用于输沙率较大的水沙试验，不受试验的输沙总量的影响。此外，此装置结构较为简单，使用成本较低，可以提高水沙试验的效率。

这种不对水沙试验过程产生扰动的集沙装置，包括集沙槽、转轴、电机、接沙槽、滑轮、滑轨，所述集沙槽上方与试验水槽固定断面衔接，所述转轴与集沙槽下方连接，所述接沙槽配置于与集沙槽与转轴下方，如图 2－10 中所示。

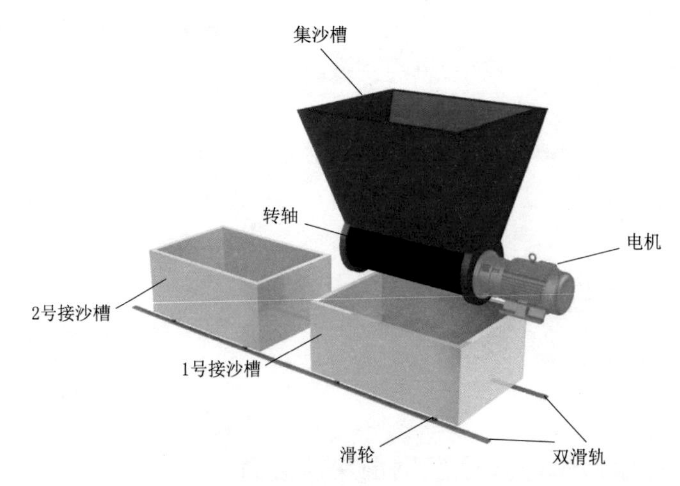

图 2－10　一种不对水沙试验过程产生扰动的集沙装置示意图

如上所述的水沙试验集沙装置，所述的转轴具有两个对称的凹面，当转轴凹面与集沙槽下方相接时，集沙槽中的沙样落入凹面中，通过电机带动转轴转动，转轴将落入凹面中的沙样传送到接沙槽中，同时，相对称的凹面进行新一轮的集沙，如此反复。

如上所述的水沙试验简易集沙装置，所述的接沙槽下方布置滑轮以及滑轨，当需要更换接沙槽时，只需要通过滑轮滑轨推动新的接沙槽到集沙槽转轴下方进行更换。

本集沙装置的特点在于通过使用集沙槽、转轴、电机、接沙槽、滑轮、滑轨等装置，实现水沙试验过程中输沙数据的实时测量，在测量过程中不需要中断试验，也不会对试验过程中的水沙变量产生扰动，而且装置的集沙总量无限制，可以应用于输沙量较大的水沙试验，整个装置结构简单，操作方便，可以推广应用于水沙运动试验的输沙数据采集。

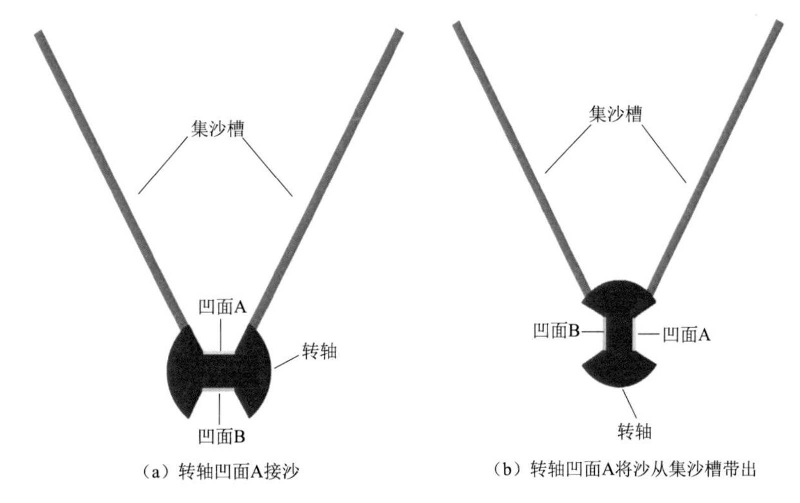

（a）转轴凹面A接沙　（b）转轴凹面A将沙从集沙槽带出

图 2-11　接沙凹槽示意图

具体工作方式为：将集沙器安置于试验水槽需要观测输沙数据的断面，安装高度低于床面高度。具体操作流程如下：①试验开始前，集沙器内冲洗干净，以保证获取输沙数据的精度；②试验开始后，泥沙随水流运动自行落入集沙槽中，根据输沙率大小调整电机转速，通过转轴将沙样传送到接沙槽中；③设计需要计算输沙率的时段，比如 10min，将新的接沙槽替换已接有沙样的接沙槽；④将接沙槽中的沙样清出，通过晒干称重可以得到每一时间段的输沙量，从而得到这一时间段内的平均输沙率数据。

转轴在整个传送沙样的过程中工作原理如下：①如图 2-11（a）中所示，凹面 A 与集沙槽相接时，集沙槽中的沙样落入凹面 A 中；②随着转轴转动，如图 2-11（b）所示，转轴的非凹面与集沙槽相接，阻隔集沙槽中的水沙下泄；③当凹面 A 朝下时，凹面 A 中的沙样落入接沙槽中，与之相对的凹面 B 收集集沙槽中的沙样，随着转轴转动，如此反复循环。

转轴的转速可以通过电机控制，当试验过程中输沙量较大时，可以将转速加大，反之，可用较小转速。

2.3.2　一种明渠基岩冲刷模型试验装置

基岩冲刷问题一直是水利工程界一个尚未解决的难题，其影响因素众多，物理过程复杂，涉及流体力学、固体力学、岩石力学以及工程水文地质等多种学科。未衬砌导流明渠冲刷，溢洪道、泄洪洞冲刷等涉及的关键问题都是基岩冲刷。就近七八十年的研究成果看，尽管基岩冲刷问题已经有了一些相关的研究，但是各家分析问题的观点都不尽相同，方法也存在这样或那样的缺陷和局限性，目前仍没有一套成熟的理论分析方法和统一的模拟手段，对基岩冲刷的研究仍处于探索阶段。工程师对导流基岩是否衬砌没有确切明晰的计算公式和理论，对冲刷危害的评估仍旧主要依靠个人经验和工程类比。由于缺乏这一方面的研究，一些岩质条件较好，本不需要加固的基岩却采取了大量的加固衬砌措施，浪费了大量的人力、物力和财力，却得不到很好地工程效果。另一方面，如果基岩确实存在遭受严重冲刷的可能性，就可能导致施工期间安全事故，威胁人民生命财产安全。随着我国水利建设除险加固工程的深入，对基岩冲刷问题的研究，已经成为一个紧迫而必要的科研课题。

基岩河床冲刷十分复杂，从冲刷的过程、冲刷分类到冲刷机理，都存在着许多尚未解决的难题，目前还没有一种完善的方法能够很好地解决基岩冲刷问题。已有的研究主要可以分为理论分析、数值模拟、模型试验三个方面。

理论分析方面，关于基岩冲刷破坏的机制，现已普遍接受的观点是，岩缝中的脉动压力及其传播是造成基岩破坏的两个主要原因。一般把破坏机理表述为三个过程：第一，岩石解体，河床基岩在挑流水舌的动水压力下沿节理裂隙或节理面水力断裂；第二，岩石的出穴，当岩块上瞬时上举力大于岩块在水中的自重和岩块间的咬合力时，岩块则在座穴内晃动，最后出穴；第三，球磨成坑，随岩块的拔出，冲坑开始形成，同时出穴的岩块在坑内旋滚下碰撞、破碎，最后冲出坑外沉积，冲坑范围则迅速增大。

国外还有学者把水荷载作用下的岩体破坏机理表述为三个过程：磨蚀（球磨）、完整岩石裂隙化、单个岩块的移动。数值模拟方面，现有的基岩冲刷模型一般是对常规的河流泥沙模型加入基岩冲刷控制方程，进行一些改进。通过引入河道床面抗冲条件，结合基岩破坏机理和水沙动力学特性，运用已有的水动力学模型与河床辅助控制方程，对破碎基岩为主的非沙质河流冲刷进行数值模拟计算。在基岩模型试验研究方面，国外以概化水槽模型试验居多。国内也有大量相关的模型试验研究。南京水利科学研究院通过采用松散碎石、松散节理块、放大岩块及加大岩块容重等模拟方法对石门拱坝下游岩石河床冲刷进行模拟研究，得出用加大岩块容重方法能较好地模拟原型的冲刷过程。湖南省水利水电勘测设计研究院通过对比分析江垭溢流坝历次岩石冲刷的模型试验成果及国内其他一些工程的原、模型资料，认为采用抗冲流速或岩块粒径放大的模拟方法比单纯按岩块粒径几何尺寸缩小模拟更接近实际。

整体而言，工程实际情况多变、复杂，不可能简单地用理论冲刷公式来描述，因此，现有的理论分析方法更多的是一种定性的研究，在工程实际应用中还存在许多问题。而对于数值模拟研究，现阶段采用平面二维水动力数学模型模拟宽浅河道散粒体泥沙运移问题的应用较为成熟，但对于河床以基岩或破碎基岩为主的非沙质河床的数值模拟还有待提高。模型试验是研究基岩河床冲刷的重要手段之一，特别对一些三维性较强的问题，理论计算困难很大，通过模型试验的方法进行观测更为有效。利用模型试验预测冲刷的位置、形状和深度是经常采用的方法。

在基岩模型试验研究中，一个最重要的变量就是确定基岩的抗冲流速，从而选取模型冲料的当量粒径。而基岩抗冲流速影响因素众多，不同种类的岩石其抗冲特性不同，目前对基岩抗冲流速值的确定仍旧主要依靠个人经验和工程类比，抗冲流速值的确定缺少直接的原型基岩起动抗冲流速试验来支持。而原型基岩的起动冲刷试验本身具有较大的难度，一方面，在原型河道中，河床基岩与河床的砂卵石不同，起动抗冲流速较大，一般达到2m/s以上，要进行基岩起动抗冲流速试验或者是冲刷试验，需要试验系统能够产生2m/s以上的高速水流；另一方面，基岩试样的选取、安置、调整需要专门的设计。目前针对基岩冲刷模型试验的系统几乎没有。

为了解决基岩冲刷试验中遇到的困难之处，本书提出一种明渠基岩冲刷模型试验装置，该装置可以实现在明渠高速水流条件下，进行基岩的各类冲刷试验，为基岩冲刷研究提供有效的技术支持。

一种明渠基岩冲刷模型试验装置，包括水库循环系统、水泵、高水头水箱、水位调控器、弧形挡门、流速测定装置、摄像系统、顶样装置（图2-12)。

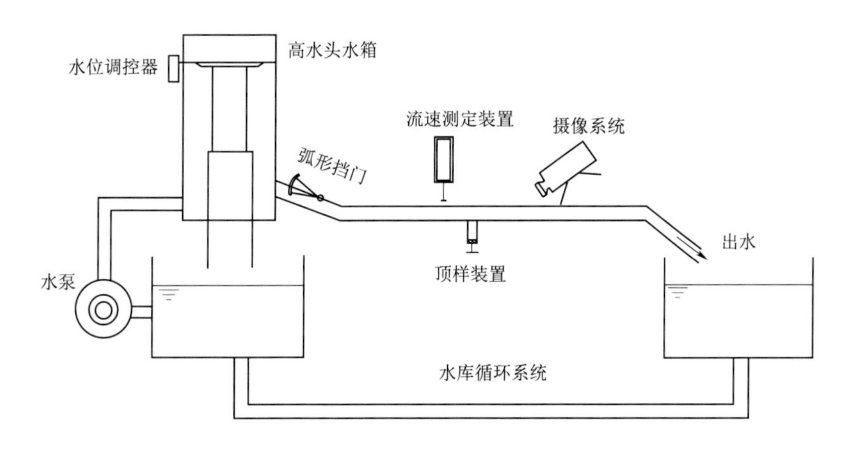

图2-12　明渠基岩冲刷模型试验装置示意图

如上所述的明渠基岩冲刷模型试验装置，试验过程中，通过水泵、水库循环系统、水位调控器以及弧形挡门调整明渠试验段的流速大小；通过流速测定装置观测试验段的流速分布；通过顶样装置放置试验的原形试样；通过摄像系统记录试样的冲刷过程。所述的高水头水箱中配备水位调控器，通过水位调控器调整水箱中的水位高度，从而达到调整明渠试验段的流速大小的目的。

本实用新型的特点在于通过使用水库循环系统、水泵、高水头水箱、水位调控器、弧形挡门、流速测定装置、摄像系统、顶样装置等，在明渠条件下产生高速水流，可以对原型基岩进行高速水流条件下的冲刷试验，从而得到基岩起动抗冲流速以及基岩冲刷率等数据，为基岩冲刷研究提供支持。

顶样装置可以为立方体形或圆柱形，试验前将基岩试样放置与其大小一致的卡槽内，通过升降螺杆来控制橡胶活塞，从而可以调整试样在卡槽内的高度使其表面与水槽底部齐平（图2-13)。

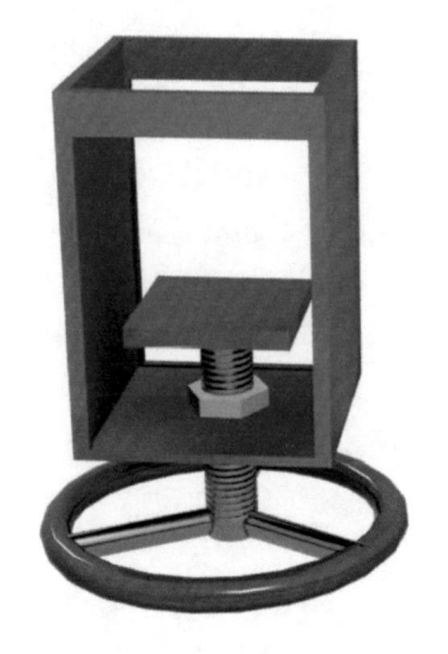
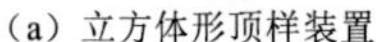

(a) 立方体形顶样装置

(b) 圆柱形顶样装置

图2-13 顶样装置示意图

其中一个实施案例的具体操作流程如下：

(1) 试验开始前，对明渠试验段流速大小进行率定，确定高水头水箱中水位以及弧形挡门开度与试验段流速大小关系曲线。

(2) 将原型基岩试样拍照称重，并将其放置与其大小一致的卡槽内，通过升降螺杆来控制橡胶活塞，调整试样在卡槽内的高度使其表面与水槽底部齐平。

(3) 根据 (1) 中率定的高水头水箱中水位以及弧形挡门开度与试验段流速大小关系曲线，按设计的试验组次流速大小确定高水头水箱水位高度及弧形挡门开度，使明渠试验段中产生试验设计的流速大小。

(4) 通过流速测定装置对明渠试验段中流速大小进行复准校核。

(5) 通过摄像系统对基岩冲刷过程进行观测。

(6) 试验结束后再将顶样装置中的基岩试样取出拍照称重，得到试验过程中的基岩冲刷数据。

2.3.3 一种床沙表层级配观测分析系统

学术界对于均匀沙的研究已较为成熟，而非均匀沙由于其自身的复杂性，不仅要求建立起水力条件与泥沙运动的关系，还要考虑不同粗细沙粒间的相互影响，而这种影响又是很难用数学关系加以精确、定量地描述出来，乃至对于非均匀沙的研究至今仍存在许多不确定因素。选取沙样进行级配分析是定量描述非均匀河床组成分布的重要方法。这需要对泥沙样本进行取样筛分，而在筛分过程中，涉及一系列的主观上的影响因素：如选取沙样的具体位置，选取沙样的时机以及选用的测量方法等。不同的研究者对于同一河段可能由于研究方法的不同而得到完全不同的结果。同样，在非均匀沙运动的实验研究中，泥沙的级配分析是实验研究的重要组成部分，级配分析结果的准确性直接影响整个非均匀沙实验的结果。因此，对级配分析方法的研究具有重大的科学意义。

当前，对非均匀床沙级配的确定方法大致有以下几种：

（1）体积称重法，即收集一定体积的沙样进行筛分研究。这是一种较为普遍的做法，也是进行筛分研究的第一步。选用这种沙样选取方法需要注意：在收集的沙样中，必须包含表层以及表层以下的泥沙。而对于粗化或是细化过的河床，将同时包含未知比例的表层粗化或是细化过的床沙以及表层以下未受影响的床沙。通过将表层泥沙移走，可以对表层以下泥沙进行单独的筛分，包括研究粒径的垂向分布。

（2）面积法，即选定的一定面积的河床表层沙样作为选取沙样。可以通过照片的形式采集到电脑中，通过对不同粒径泥沙所占据的面积的统计，进行级配分析。或是通过熔蜡法进行收集，这种用熔石蜡的方法测床面沙样级配，优点是能够很好地捕捉到河床表面的级配特征，但缺点是操作起来较为复杂。

（3）节点计数法，即在沙样表面布置一个网格，网格结点下的泥沙定为选取沙样。比较常用的做法是在沙样上铺设网格，再通过照片或是影像的形式采集到电脑中进行分析；或者是选进行照相或是摄影的采集，再在电脑中对多媒体材料布置网格进行分析。这种方法需要注意的是最好是能保证两个不同的网格结点落在两个不同的沙样上面，如果不同的网格结点落在了同一个沙样上面，那么这个沙样则要计数两次。因此，根据照片的像素和尺寸，合理分配计数网格大小非常重要。

传统的体积称重法虽然可靠，但是只能在试验之前和之后进行取样、烘干再筛分，从而得到结果；而节点计数法可以避免传统方法必须取样的劣势，可以在照片中分析结果，对于试验过程中的床沙级配监测有帮助。Kellerhals and Dale（1971）提出一个假想的沙样密集堆积随机排列的立方体模型。并得出了各种筛分方法之间的转换关系。值得指出的是，通过布置网格选取沙样，然后计算各粒径泥沙数量占选取沙沙样总数量百分比的筛分方法，得到的结果与常用的体积法选取沙样，然后通过称重得出各粒径泥沙占选取沙样总重的百分比的方法得到的结果一致。

本书提供一种非均匀沙试验过程中床沙表层级配观测与分析的方法，它可以在水沙试验过程中不对试验过程产生扰动的条件下，实现表层床沙级配的实时观测与分析。

以两种颜色的床沙为例，方法是首先采用高清摄像设备采集床沙表面的数字图像，然后通过程序在 Photoshop 中截取 3000×3000（像素）的 BMP 格式的图片（图 2-14），并自动修复图像扭曲。

通过程序将 BMP 格式图片读入 Matlab 软件中，将图片划分成 300×300 的网格（截取图像像素和划分网格可以根据实际泥沙粒径的采集的床沙面积来定），然后利用 3 基色来判断落在网格节点上的颜色，比如，如果此点的 3 基色（红、绿、蓝）的值都大于设定的 3 个对应的阈值，则判定此点为白色，即判定为瓷球，如果某一个或者几个基色的值小于这一阈值，则判定为黄色，即判定为黄沙。

在 Photoshop 软件中，通过程序进行取色化验，如图 2-15 所示，可以通过将图片的细节拆分成若干色点，选取的色点是图中 2 个红色点和 2 个蓝色点之间的点。由于所有颜色都可以由 3 基色来调配而出，因此可以判断出某一色点的 3 基色值，即取色器中右下方的 R、G 和 B 的值。

(a) 原始图像

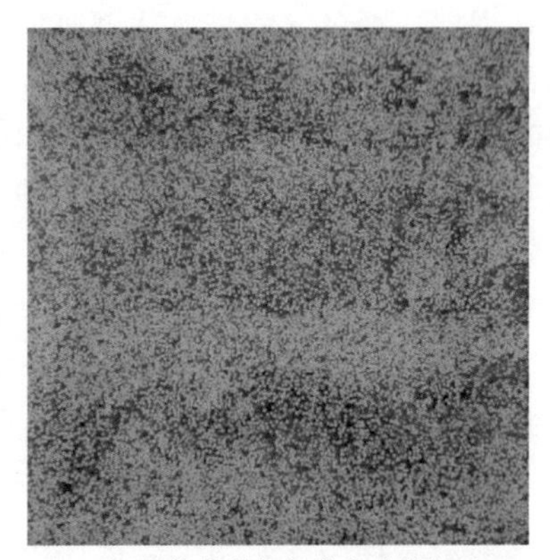

(b) 图像裁剪与扭曲自动修复后

图 2-14　图像裁剪与扭曲自动修复

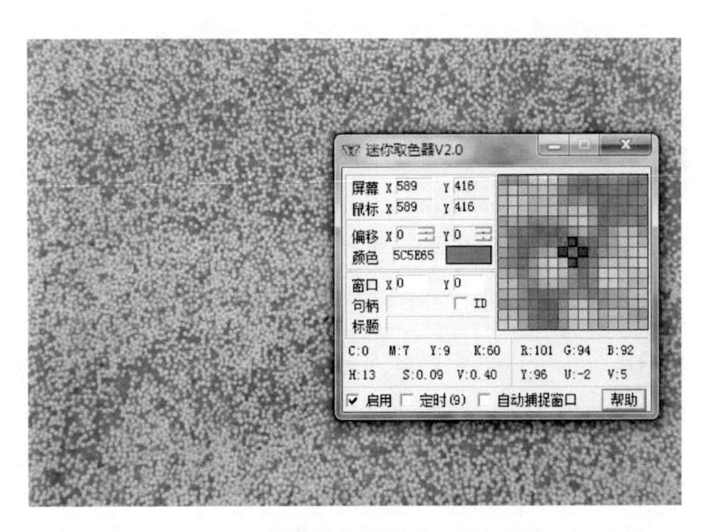

图 2-15　利用取色器化验 3 基色阈值

针对一张图片，如何通过取色化验定取 3 基色的阈值是关键。从图 2-15 可以看出，一个单体瓷球在取色器中可以被拆解成很多色点，把它们分成 2 个区：核心区和边缘区。其中核心区为白色最强区域，单体颗粒大概有 4 个色点，连体的颗粒难以界定；边缘区为白色较弱区域，单体颗粒大概有 12 个色点，即包裹着核心 4 个色点的周围色点。选取 3 基色阈值主要选择单体瓷球颗粒的边缘区的色点。

这种方法是一种概率统计的方法，而非通过图像确定泥沙的粒径，从而分析出沙粒所占面积的方法。利用瓷球和黄沙天然的颜色差异，来界定所分析图片的颜色占据计数比例，从而用统计的思路去剖析级配组成。

摄像设备由可行走的支架固定于试验水槽上方，尽量垂直于河床表面，摄像设备旁边配备 LED 光源，避免床面不同颜色泥沙由于光线明暗对颜色 RGB 值产生影响。摄像设备与电脑通过数据线连接，实时向电脑传送获取的数字图像，以便在电脑中进行实时分析。试验过程中，可行走支架可以固定于某一断面上方对某一断面床沙级配变化进行实时的观测，也可以在水槽上方行走，对整个水槽各断面进行观测。

同时，支架还可上下垂直调节摄像设备采集的床沙区域面积。采样面积大小的主要控制条件是保证的最小粒径床沙在图像中应大于 23 像素。任何颗粒小于 23 像素将产生一定的测量误差。在确定图像采集床沙区域面积时，可参考式（2－10）：

$$A=\left(\frac{g\sqrt{P}}{23000}\right)^2 \qquad (2-10)$$

式中：A 为采集的床沙区域面积；g 是床沙的最小粒径；P 是摄像设备采集图像的像素。

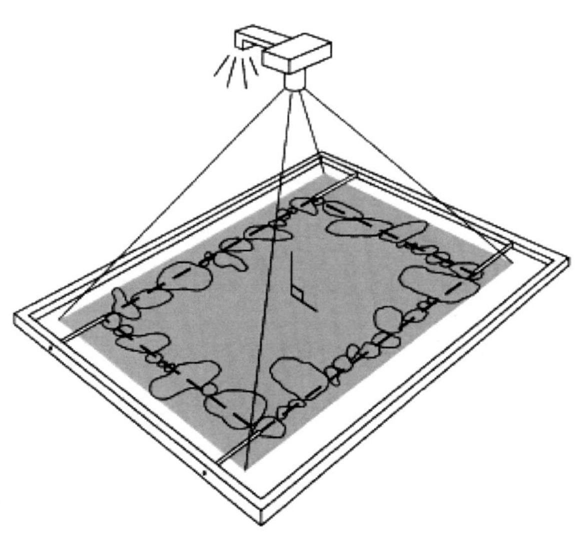

图 2－16　摄像设备采集数字图像示意图

理想情况下，采样区的形状应该是矩形，从而反映图像的纵横比。

数字图像采集之后，通过电脑中的程序软件对数字图像进行实时的分析，对于某一时刻的采样图像，分析程序如下：系统中床沙颜色率定与校正，确定各颜色 RGB 值区间对应的泥沙粒径—图像裁剪—去掉挨近水槽边壁的部分图像—图像扭曲修正—图像像素等基本信息读取—根据像素在图像上布设网格—统计网格结点总数—对图像上每一个网格结点统计颜色 RGB 值—得出各颜色即各粒径所占采样区域的比例—输出某一时刻的床沙表面级配分布数据。

根据多个时刻的采样图像分析结果，得出床沙表面级配分布的变化过程。

2.3.4　粉磨粒径自动控制技术

模拟试验中对模型沙粒径分布级配有严格的要求，常用的模型沙有滑石粉、煤粉等，粒径要求一般在 100μm 以下，需要用到粉磨技术。国内现有的模型沙采用高压微粉磨机加工，高压微粉磨机主要适用于常规物料的研磨粉碎。粒径分布的机械控制方法是采用人工手动风量阀来调节风管风量，这种控制粒径的方法不能准确地调节加工微粉细度，其整机加工效率低、能耗大、环保性差、使用寿命短。因为不能实现微风控制，所以对 0.03mm 以下粒径的成品无法量化控制。对总风量采用风管旁路闸阀式调节，不仅消耗能源，增加除尘量，操作不方便，也未能实现微风量调节。

国外对粉磨技术的研究主要致力于降低粉磨过程的能源消耗，提高粉磨效率，降低粉磨作业电耗。例如，法国 FCB 公司开发了一种具有球磨机的可靠性和产品质量，立磨的紧凑结构和辊压机的低耗能的全新结构的新型粉磨设备——筒辊磨，它的优势主要在于为挤压粉磨工艺找到了一条能充分发挥节能潜力的新途径，可以比普通粉磨系统节能 20%～50%，产量提高一倍以上。而德国、日本等粉磨研究技术领先的国家，主要研究对象是粉磨技术和机械自身结构创新。如德国 K. Schonert 教授从粉碎物料的能量观点出发，首次提出了高压作用下的料床粉碎这一全新概念，引发了粉磨行业上的一次革命，产生了高压微粉磨机这一新型粉磨机械，实验室可以粉磨出 0.005mm 的物料颗粒。但是，国外对产业化加工过程的粒径控制方法方面的研究投入较少，对于频繁变化粒径的生产控制方法没有太多研究。

粉磨粒径自动控制技术利用了先进的颗分研究技术以及现代化的电机变频控制和计算机软件技术，能对高压微粉磨机研磨能力范围内所有成品粒径进行细分量化控制，此粒径范围也是各行业最常用的粒径范围。

微粉磨机粒径精密控制设备，包括主机、鼓风机、超细度分析机、成品旋风集粉器、布袋除尘器及连接风管管道（图 2-17），其特征是：所述控制装置设置有微颗粒分析仪（用以分析检测被加工成微粉成品样本粒径及其粒径分布，并得出级配曲线）、鼓风机变频调速电机、分析机变频调速电机、数据库模块、编程控制器，数据库模块及编程控制器设置在控制台内，数据库模块用以接收粒径分布参数、级配曲线及其比重、湿度、材质和分析机、鼓风机控制频率、电机转速信息，编程控制器按照该设定参数以及数据模块内相关数据计算生成输出加工时分析机和鼓风机的变频电机最佳控制数据参数；微颗粒分析仪检测端可放置取样皿，其检测信号输出端与数据库模块通信连接，编程控制器的输出端分别与鼓风机及分析机的变频调速电机控制端连接。

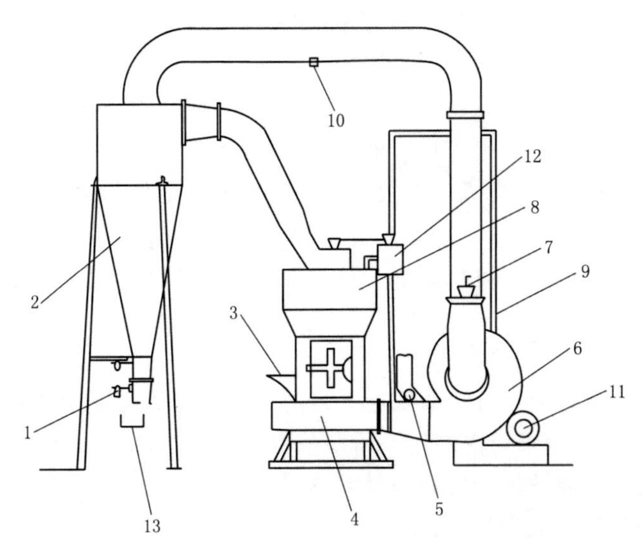

图 2-17　微粉磨机粒径精密控制设备示意图

1—卸料阀；2—集粉器；3—加料斗；4—主机；5—排气阀；6—鼓风机；7—风量阀；8—分析机；9—除尘器；10—湿度传感器；11—鼓风机变频调速电机；12—分析机变频调速电机；13—按键输入面板

粉磨成品的粒径产出工艺采用风选方法，除了关键性的风量和风速，影响粒径输出的还有加工物料的比重、湿度等因素。研磨设备主机采用在雷蒙磨基础上改进的高压微粉磨机，对形成产品粒径的关键设备鼓风机和旋转分析机进行变频调速控制。依托先进的颗分技术，经过大量的样品加工试验分析，寻找不同的加工物料在不同的湿度条件下产品粒径分布和产量与控制参数之间的对应关系，建立计算机数学分析控制模型。最终实现计算机人工输入设定物料品种和加工粒径，湿度传感器在线感应输入工况湿度数据，计算机自动分析计算，自动化输出控制鼓风机和旋转分析机的转速。通过精确的调速控制达到产品粒径控制的目的。

其实施步骤如下：

第一步：同种物料在不同湿度情况下、且在分析机和鼓风机的不同工作频率状态下加工成微粉成品样本，用微颗粒分析仪分析检测其粒径及其粒径分布，并得出级配曲线。

第二步：将上述粒径分布参数、级配曲线及其比重、湿度、材质和分析机、鼓风机控制频率、电机转速信息输入数据库模块。

第三步：对第一步、第二步重复多次后，通过按键输入面板输入与粒径及与粒径相关的级配参数，编程控制器按照该设定参数以及数据库内相关数据计算生成输出加工时分析机和鼓风机的变频电机最佳控制数据参数。

第四步：编程控制器实时显示，并打印记录被加工微粉产品及成品的粒径分布数据。

2.4 小结与分析

河工模型试验是依据几何、水流及泥沙运动相似的要求，在模型上进行河床演变和工程方案实施效果的试验研究。对于河工模型试验而言，试验成果的质量在很大程度上取决于量测技术和试验的控制水平。过去的河工模型试验，量测与控制处于手工或半自动化的水平，一般很难保证数据获取的准确性，整体的试验精度更难以保证。不但试验人员的工作量大，而且无法做到实时、连续、同步监测，这些都直接影响着试验效率和成果质量。

由于现代科学技术的迅速发展，特别是电子技术与计算机技术的推广应用，实体模型试验中已逐步采用各类电子测量仪器代替常规的测量，计算机自动控制代替了繁杂的手工操作。但是，一些测量仪器的性能与精度、量测系统的完整性还不能完全满足模型试验的要求，对于大型河工模型试验，尤其是非恒定流或浑水动床模型，量测控制系统还需要进一步发展完善。

随着计算机与量测技术的进一步发展，以及先进的传感技术、视频技术和数字通信技术迅速应用于河工模型，虚拟视频技术和智能检测系统与数据融合技术也逐步应用，特别是计算机、工控机的更新换代与普及，为高性能的模型测控系统提供了强有力的技术支撑。河工模型试验量测与控制技术及其仪器设备，经历着不断更新和不断完善的过程。随着上述高新技术的发展应用，一些性能更为优良、自动化程度更高、使用更便捷的量测仪器与设备会得到更为广泛的推广与应用，智能化的量测控制系统将具有更加广阔的发展前景。

第3章

金沙水利枢纽模型试验

3.1 工程背景

金沙江干流以石鼓和攀枝花为界，分为上、中、下三段，石鼓至攀枝花为金沙江中游河段。金沙江中游为长江上游河段，地跨云南、四川两省，河段长563.5km。金沙江干流是我国规划建设的最大水电能源基地，在我国能源发展及“西电东送”战略中具有重要作用。《金沙江中游河段水电规划报告》规划金沙江中游开发任务以发电为主，兼顾灌溉、供水、防洪、旅游和水土保持等综合利用效益，按“一库八级”开发。为改善观音岩梯级发电运行下泄不均匀流对攀枝花市区河段的影响，四川省发展和改革委员会组织了攀枝花河段规划补充工作。《金沙江攀枝花河段水电规划报告》中金沙江攀枝花河段按金沙、银江两级开发，金沙水电站为近期开发工程，上游与观音岩水电站衔接，下接银江水电站。

金沙水电站位于金沙江干流中游末端攀枝花河段，坝址集水面积为25.89万km^2，上距观音岩水电站约28.9km，下距攀枝花中心城区（攀枝花水文站断面）约10.3km（图3-1）。金沙水电站的主要开发任务为发电，兼有供水、改善城市水域景观和取水条件及对观音岩水电站的反调节作用等。河段内金沙江由西至东横贯整个攀枝花市区，坝址控制流域面积25.89万km，多年平均流量1870m^3/s，年径流量590亿m^3。水电站为河床式电站，水库正常蓄水位1022m，死水位1020m，校核洪水1025.30m，相应净库容1.08亿m^3，电站装机容量560MW，最大坝高70.1m，多年平均年发电量为25.07亿kW·h。该工程为

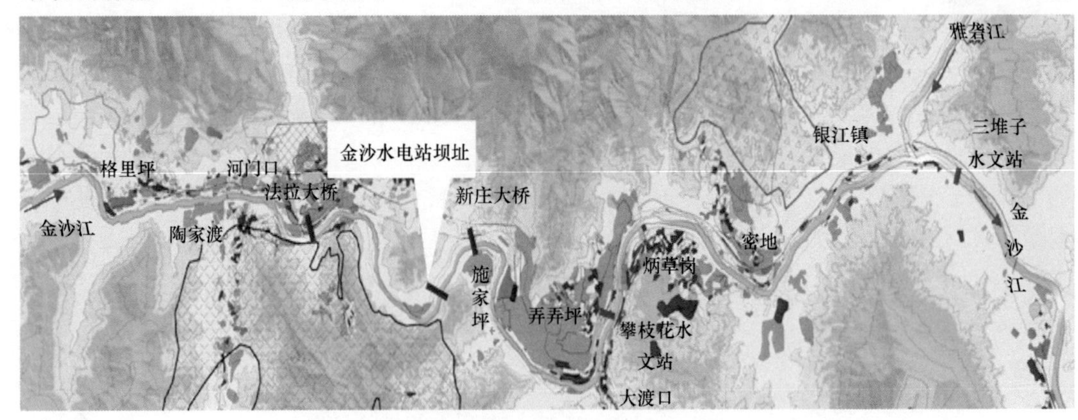

图3-1　金沙水电站位置示意图

Ⅱ等大（2）型工程，挡水、泄洪和电站等主要建筑物为2级建筑物，次要建筑物为3级建筑物，水工建筑物结构安全级别为Ⅱ级。

由于金沙水电站上游水库的拦沙作用，进入金沙水库的悬移质泥沙颗粒变细，水库泥沙淤积基本集中在坝前，随着水库运用年份的增长，坝前泥沙淤积势必对工程运行安全和综合效益发挥产生影响。因此，金沙电站坝区泥沙淤积是金沙水利枢纽需要研究的重要课题之一。

3.2 实体模型设计及方案

3.2.1 枢纽布置

金沙电站枢纽主要由挡水建筑物、泄洪建筑物和电站厂房等组成（图3-2）。电站推荐枢纽布置方案为“左厂右泄、三期导流”的布置形式，即：右岸布置导流明渠，纵向围堰坝段以左布置3个孔口尺寸为14.5m×23m的泄洪表孔，以右布置2个孔口尺寸为14.5m×23m的泄洪表孔，河床及左岸布置河床式电站厂房，施工导流采用三期导流方式。

大坝为混凝土重力坝，坝顶高程1027.00m，最大坝高70.1m，坝轴线长度384.90m，从左至右共布置16个坝段（图3-3）。电站建筑物包括机组坝段、安装场坝段、引水渠、尾水渠、排沙孔及拦沙坎、进厂交通公路等，机组段长163.8m，共安装4台140MW水轮发电机，并置2个排沙孔（位于5号、7号），排沙孔进口尺寸为8.4m×2.5m（宽×高），进口底坎高程972.80m，出口尺寸为4.6m×2.0m（宽×高），出口底板高程985.00m；尾水渠底宽约160.00m，右侧为厂坝导墙，左侧为护岸工程；泄洪表孔坝段共布置5个孔口尺寸为14.5m×23m、堰顶高程1000m的泄洪表孔，溢流坝段上游面直立，堰面为WES幂曲线下接直线段和反弧段。水电站泄洪建筑物采用全表孔泄洪的型式，泄洪闸5孔，表孔下游采用底流消能为了拦截推移质泥沙，在上游距电站进水口约220m设置一道拦沙坎。拦沙坎坎顶高程998.00m，顶宽5m。

3.2.2 模型设计

3.2.2.1 模拟范围

模型为正态，几何比尺1∶100。模型比尺按水流运动相似和泥沙运动相似等模型相似律确定。模拟河道长约7.5km（坝址上游6km，坝址下游1.5km）。模型平面布置见图3-4。

3.2.2.2 模型选沙

1. 悬移质

观音岩水电站位于该工程上游约28.9km，由于上游梯级电站的建成运用，进入金沙水库的泥沙不仅量少而且泥沙级配变细，水库淤积一维数学模型计算在考虑上游建库减沙的条件下，计算得到模型进口泥沙级配，其中第1年至第10年期间，模型进口悬移质泥沙级配d_{50}为0.006mm，第11年至第20年期间，模型进口悬移质泥沙级配d_{50}为0.007mm

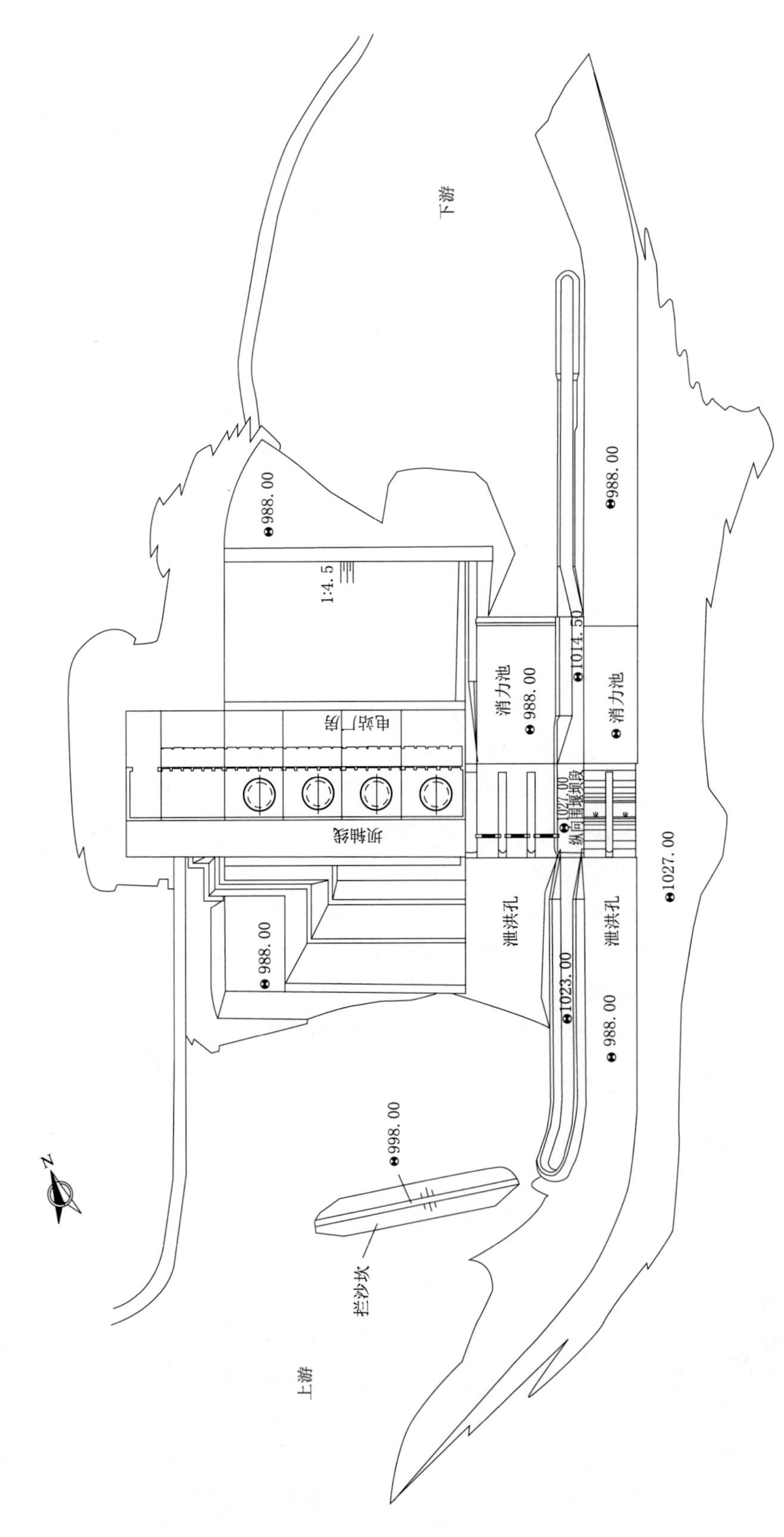

图3-2 金沙水电站枢纽平面布置示意图（单位：m）

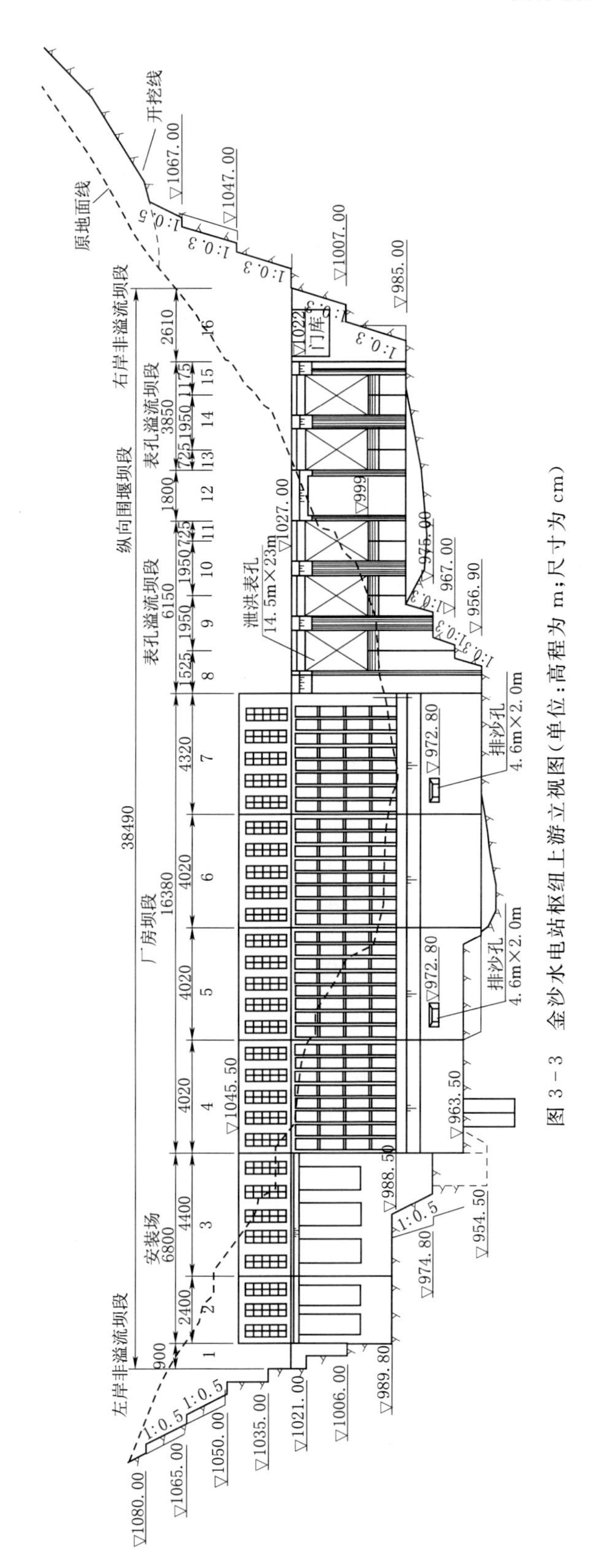

图 3-3 金沙水电站枢纽上游立视图（单位：高程为 m；尺寸为 cm）

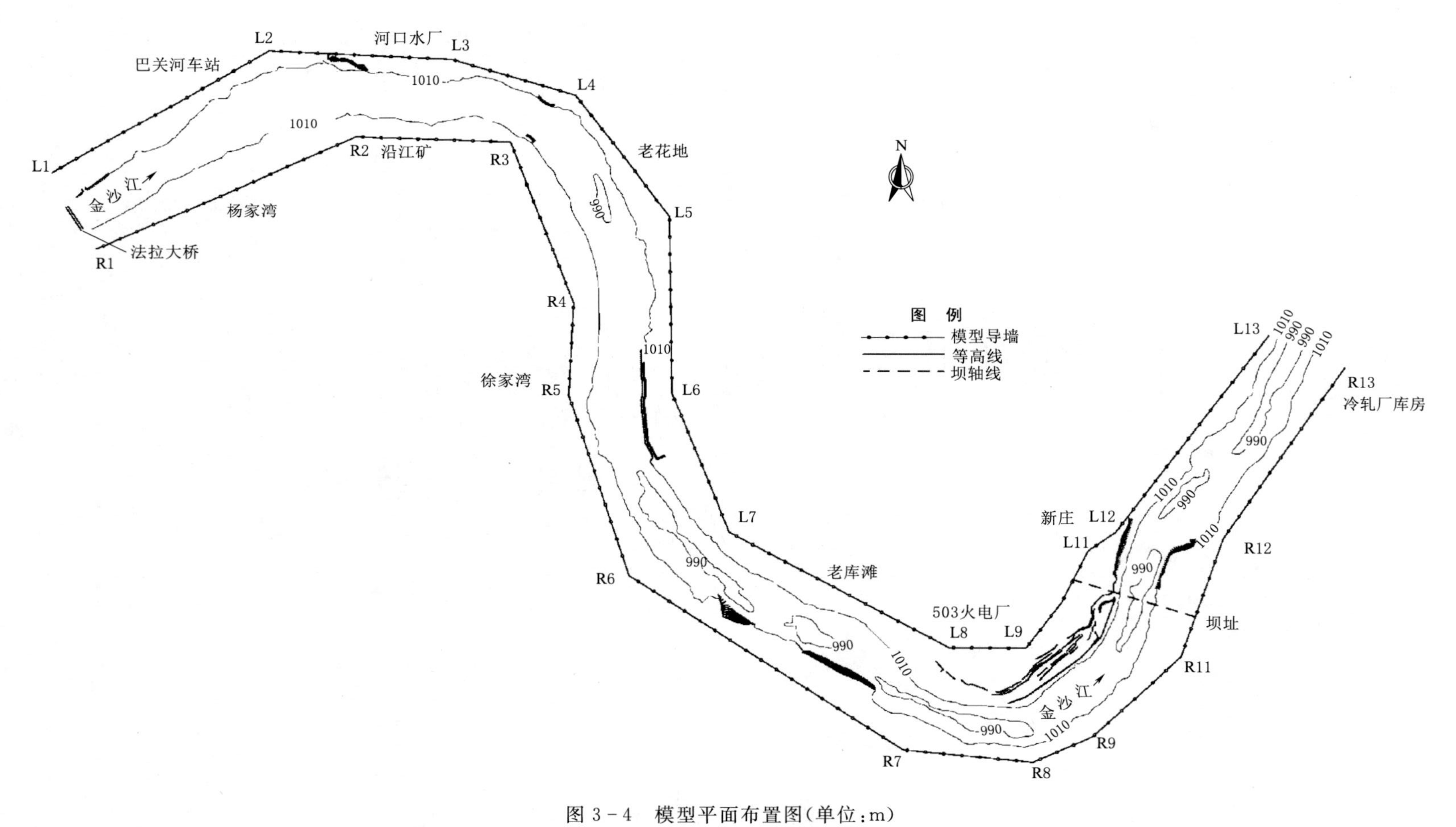

图3-4 模型平面布置图(单位:m)

（表 3－1）。攀枝花水文站为本河段主要水文控制站，其悬移质泥沙中值粒径 0.015mm，平均粒径 0.056mm，最大粒径 1.721mm（表 3－2）。

表 3－1　一维数学模型计算模型进口悬移质泥沙级配

粒径/mm（计算值）		0.005	0.01	0.025	0.05	0.1	0.25	0.5	1.0	d_{50} /mm
粒径/mm（模型值）		0.004	0.007	0.018	0.035	0.071	0.177	0.355	0.709	
小于某粒径沙重百分数/%	第 1 年至第 10 年	46.614	64.833	76.338	84.414	91.771	96.667	99.348	100	0.006
	第 11 年至第 20 年	40.866	61.889	78.530	86.711	93.005	97.163	99.442	100	0.007

表 3－2　坝址悬移质颗粒级配成果表

粒径级/mm	0.002	0.004	0.008	0.016	0.031	0.062	0.125	0.250	0.500	1.0
小于某粒径沙重百分数/%	0	29.1	40.6	52.1	62.6	72.8	83.7	94.6	99.9	100

参考以往研究经验，悬移质模型沙采用经过筛分、选配的株洲精煤。株洲精煤容重为 1.33t/m³，干容重为 0.75～0.9t/m³；从最不利（偏安全）方面考虑，模型试验进口悬移质泥沙采用天然金沙江攀枝花站级配（表 3－3）。同时对张瑞谨泥沙起动流速公式计算结果与模型沙水槽试验成果比较，所采用模型沙可满足起动相似。

表 3－3　悬移质模型沙级配表

小于某粒径沙重百分数/%		29.1	40.6	52.1	62.6	72.8	83.7	94.6	99.9	100	d_{50} /mm
粒径/mm	原型	0.004	0.008	0.016	0.031	0.062	0.125	0.25	0.50	1.00	0.015
	模型设计值	0.003	0.006	0.011	0.022	0.044	0.089	0.177	0.355	0.709	0.011
	实际采用值	0.003	0.006	0.01	0.02	0.05	0.09	0.18	0.36	0.7	0.01

2. 推移质

在缺乏推移质实测资料的情况下，采用其下游白鹤滩床沙实测成果作为推移质级配（表 3－4）。

表 3－4　推移质模型沙级配表

小于某粒径沙重百分数/%		10.15	17.5	19.35	21.2	35.6	45.9	64.7	100	d_{50} /mm
粒径/mm	原型	0.25	1.0	2.0	4.0	32	64	128	250	88
	模型设计值	0.003	0.01	0.02	0.04	0.32	0.64	1.28	2.5	0.88
	实际采用值	0.003	0.01	0.02	0.04	0.32	0.64	1.28	2.5	0.88

模型几何比尺及模型沙选定后，按相似准则，对各比尺进行计算，模型主要比尺汇总见表 3－5。

表3-5 模型比尺表

相似条件	名称	采用比尺值
几何相似	平面比尺	100
	垂直比尺	100
水流运动相似	流速比尺	10
	糙率比尺	2.15
	流量比尺	100000
悬移质运动相似	沉速比尺	10
	起动流速比尺	10
	含沙量比尺	0.4
	粒径比尺	1.41
	冲淤时间比尺	45
推移质运动相似	起动流速比尺	10
	单宽输沙率比尺	1000
	粒径比尺	100
	冲淤时间比尺	13

3.2.2.3 模型测控

模型测控主要包括水流测控、悬移质和推移质测控。水流测控参数包括模型进口断面的流量测量与控制、试验河段水位的测量与控制、断面流速的测量等；悬移质和推移质泥沙测控包括悬移质加沙控制、推移质加沙控制、含沙量测量、颗粒级配测量和床面变形测量等。

1. 流量测控

模型建有供水泵房，可按照所需流量调节水泵转速。变频器与计算机之间按规定协议通信，实现远程控制。流量测量采用电磁流量计。流量信息可转换为数字信号直接导入计算机，达到对模型流量的实施监控。模型进口流量精度误差可控制在2%以内。

模型排沙洞和电站流量采用电磁流量计测控，通过人工控制调节电磁流量计至目标流量值。坝身底孔经泄流校核后按自由出流并结合坝前水位进行流量控制。

2. 加沙测控

模型建有供沙系统泵房，螺杆泵变频调速控制系统是根据所需加沙量的大小调节泵的输出流量，单向输送模型沙。原型悬移质按粒径比尺缩放后根据级配进行配比，将选配好的模型沙按配沙浓度预先在搅拌池调配好。供沙系统运行前，对螺杆泵的转速与对应于管道出口流量的大小进行率定，以确定不同转速时的出流流量大小。供沙系统工作时，由计算机发送转速控制信号，手动时由变频器控制面板输入，以给定的目标控制模型进口加沙量。

原型推移质按粒径比尺缩放后根据级配进行配比。推移质加沙采用人工进行，通过控制每分钟加沙总量控制推移质加沙率。

3. 水位测控

采用水位测针测量沿程水位。采用翻转式尾门利用水位测量结果调节模型出口断面水位。

水位测针是定型产品，水位测针标尺长度 40cm，测针标尺表面附有游标标尺进行测读，测量读数精度为 0.1mm。水位测针固定在测针筒上方，测针直接测量筒内水面，测针筒与模型通过连通管连接。水位测针使用简单方便、不易损坏。

4. 流速测量

模型采用电阻式旋桨流速仪进行断面流速测量，并用流速仪升降器控制流速测杆入水，以获得不同水深点的流速值。采用北京尚水信息技术股份有限公司的表面流场移动式测量系统（WIM SkyEye－L01C）进行局部河段表面流场测量。

5. 床面变形测量

模型采用法如（FARO）模型地形三维激光扫描采集系统（Faro S350）进行模型干地形测量。采用钢尺进行浅水地形测量。

6. 含沙量和颗粒级配测控

含沙量测量采用烘干称重法和比重瓶置换法进行测量。烘干称重法是抽取一定水体的浑水样品，用过滤纸或纱布过滤后，在烘箱中烘干，再用电子天平称重得到含沙量。比重瓶置换法是用预先率定好的比重瓶灌浑水样，测量水温，再由电子天平称重计算得其含沙量。

颗粒级配采用英国马尔文仪器有限公司激光衍射粒度仪 Mastersizer 3000 进行测量。激光衍射粒度分析仪可实现高度智能化、计算机自动识别分散器，干法、湿法及乳化法均可测量，测量速度快。筛分法主要用于较粗泥沙的颗分，比重计法适用于粒径小于 1mm 的细沙。

3.2.2.4 模型制作与验证

1. 模型制作

根据 2006 年 4 月（徐家湾至冷轧厂库房段，长约 4.2km）和 2012 年 12 月（法拉大桥至徐家湾段，长约 3.3km）施测的河道地形图制作定床模型。模型采用断面法制作，共取 142 个断面，模型各横断面平均间距约 0.5m。模型高程制作精度在±1mm 以内，平面位置误差±1cm。根据枢纽设计图纸按几何比尺缩放，采用有机玻璃制作，按设计图纸控制安装至模型（图 3－5）。

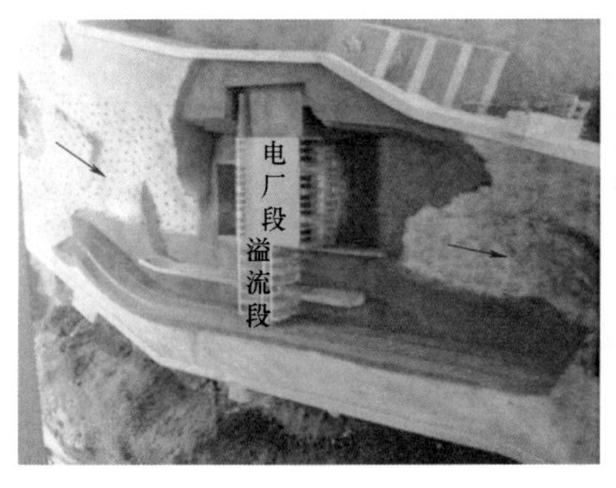

图 3－5　枢纽制作与安装

2. 模型验证

模型验证试验内容包括清水验证和浑水验证。模型清水验证，主要进行水面线、流速分布等方面的相似性验证。模型浑水验证，以验证模型泥沙冲淤部位及数量与原形的相似性。

定床水面线验证主要是通过调整模型糙率和微地形达到不同水位下与原型糙率相似。定床模型采用小砾石在模型河床上加糙。验证水面线分别采用2010年流量1480m³/s和8040m³/s实测水面线成果。模型水位误差小于±1mm，模型综合阻力与原型基本相似。

典型断面流速分布验证资料采用天然条件下流量3570m³/s时三个断面流速分布成果，模型断面各条垂线平均流速与原型接近，相对偏差约在±8%。

依据攀枝花水文站实测流量、含沙量控制，模型进口水沙条件采用攀枝花站过程进行概化，尾门水位根据攀枝花水文站水位流量关系插补。由于受地形资料的限制，模型浑水验证试验初始地形采用2006年4月实测地形（徐家湾至冷轧厂库房段，长约4.2km），复演2011年部分试验河段地形。2006年至2011年间原型河道断面形态基本维持稳定，河道略有淤积，部分河段岸线有较大调整，模型复演地形与原型泥沙冲淤部分及冲淤厚度基本一致，断面形态较为一致。

3.3 实体模型试验

3.3.1 试验条件

结合电站调度方式，选择多年平均流量1870m³/s、电站满发流量3818m³/s、5年一遇流量8780m³/s、30年一遇流量12100m³/s和50年一遇流量13000m³/s，进行空库条件下水流试验，试验条件见表3-6。

表3-6 空库条件下清水试验要素表

流量/(m³/s)		坝前水位（黄海85）/m	电厂开启台数	溢流坝开起孔数	尾门水位（黄海85）/m
多年平均	1870	1022	开启	不开启	997.50
满发	3818	1022	开启	不开启	1001.26
5年一遇	8780	1022	开启	开启3孔	1007.04
30年一遇	12100	1022	开启	开启5孔	1013.49
50年一遇	13000		不开启	敞泄	1016.29

枢纽运用不同阶段坝区泥沙试验条件：

（1）模型进口的流量和含沙量过程，采用一维数学模型提供的枢纽运用第1年至第20年计算成果。

（2）模型试验起始地形为定床，水下地形为2006年4月和2012年12月实测地形，岸上地形为2006年4月实测地形。

（3）按设计提供的枢纽调度控制坝前水位。金沙水利枢纽在汛期基本不拦蓄观音岩下泄流量，枯水期对观音岩下泄流量进行有限调蓄。其中不同流量级泄洪设施运用方式为：当上游来水量小于等于 439m³/s 时，通过厂房下泄生态基流；当上游来水量大于 439m³/s、小于等于 3818m³/s 时，厂房泄水发电，保持上游正常蓄水位 1022m 不变；当上游来水量大于 3818m³/s、小于等于 8780m³/s（5 年一遇）时，厂房泄水发电（Q＝3818m³/s），其余来量由 3 孔泄洪闸控泄，保持上游正常蓄水位 1022m 不变；当上游来水量大于 8780m³/s、小于等于 12100m³/s（30 年一遇）时，厂房泄水发电（Q＝3818m³/s），其余来量由 5 孔泄洪闸控泄，保持上游正常蓄水位 1022m 不变；当上游来量大于 12100m³/s，但不超过 50 年一遇（Q＝13000m³/s），5 孔表孔控泄，厂房不发电，保持上游正常蓄水位 1022.00m；当上游来水超过 50 年一遇（Q＝13000m³/s），厂房不发电，5 孔表孔敞泄。由于在典型水文系列年过程中，数学模型提供的入库流量均小于 13000m³/s，相应的模型试验中泄水闸敞泄概率可能小于枢纽实际泄洪运用的概率，枢纽坝前水位基本为正常蓄水位 1022.00m。

（4）模型模拟时段为水库运用第 1 年至第 20 年，在试验过程中适时开启电厂排沙孔。

（5）模型尾门距坝址下游 1.5km，结合坝址和攀枝花水位流量关系，插补得模型尾门控制水位过程。

（6）试验过程中，为加快试验进度，将不起造床作用的枯水时段（Q＜500m³/s）略去，模型每年实际输沙总量仍与数学模型计算年输沙总量相近。

3.3.2 试验内容及方法

在整个试验过程中，按设计提供的枢纽调度方案结合水库淤积一维数学模型计算成果编制模型放水要素表来控制试验。

（1）流量由电磁流量计控制，逐年逐级释放，流量误差控制在±5%以内。

（2）模型进口含沙量，采用烘干称重法结合比重瓶法控制。

（3）整个试验过程中，模型沙粒径由光电颗粒分析仪测定。

（4）坝前水位由枢纽闸门控制，坝下游水位由模型电动尾门控制。

（5）模型试验观测项目包括流速流态及河床淤积地形，试验测量时间和内容主要有枢纽运用 5 年末、10 年末、15 年末和 20 年末，坝区特别是近坝段河道、电站厂前淤积地形等。

试验内容如下：①典型水沙系列年坝区特别是近坝段泥沙淤积数量、形态分布；②电站前水流流速流态及泥沙淤积形态，拦沙坎、排沙孔的拦沙、排沙效果，电站过机泥沙特性；③推移质示踪试验。

3.3.3 试验成果

3.3.3.1 空库坝区水流试验

坝区上游河段（坝上 0.5～5.5km）沿程最大表面流速随流量增大而增加。在坝前水位 1022m、流量 3818m³/s 且溢流坝不开启情况下，主槽最大表面流速为 1.12～1.24m/s；在坝前水位 1022m、流量 8780m³/s 且溢流坝开启近机组段的 3 孔情况下，主槽最大表面流速为 2.24～2.50m/s；在坝前水位 1022m、流量 12100m³/s 且溢流坝 5 孔开启情况下，主槽最大表面流速为2.60～2.98m/s；在流量12100m^3/s且溢流坝敞泄情况下，主槽最大表面流速为3.11～3.66m/s。

坝前河段（0～0.5km）区域内河道水流主要下泄流路因溢流坝段泄水闸运用方式的不同而有所变化。在流量1870m^3/s和3818m^3/s、电站发电且溢流坝段泄水闸关闭、坝前水位1022m情况下，水流主要从电站段下泄，主流位置基本集中在1号机组段内；在流量8780m^3/s、坝前水位1022m、4台机组满发且紧邻电站右侧3孔泄水闸开启情况下，水流的57%主要从3孔泄水闸下泄，该坝段内主流集中在1号机组和3孔泄水闸段，其主槽最大表面流速2.26m/s；在流量12100m^3/s、坝前水位1022m、4台机组满发且5孔泄水闸全部开启情况下，水流的70%从泄水闸下泄，该段主流集中在1号机组和5孔泄水闸段，主槽最大表面流速出现在近纵向围堰左侧区域，约为2.78m/s；在流量13000m^3/s、电站关机且泄水闸5孔敞泄情况下，水流基本从泄水闸下泄，主流集中泄水闸段，主槽最大表面流速出现在纵向围堰右侧，约为3.52m/s。

坝前0～0.5km河段，水库蓄水运用后，坝前水位升高，河宽增大，坝前水位控制在1022m，汛期洪水从溢流坝段下泄，位于溢流坝段左侧的电站前均形成一逆时针方向的回流区，空库条件下，随来流量的增大回流强度增大，而回流范围随溢流坝段泄水闸不同开启方案而变化。在入流流量1870m^3/s和流量3818m^3/s、4台机组发电且溢流坝段不开启情况下，水流主要从电站下泄，坝前水位按正常蓄水位1022m控制时，坝前回流分为厂前引水渠区域（坝前0～200m）和纵向围堰右侧区域（坝前0～500m），其中厂前的最大表面回流流速约为0.25m/s和0.66m/s，纵向围堰右侧区域的表面回流流速约为0.23m/s；另外在坝前0.5～1.2km的库段左岸（503电厂）为凸岸高滩缓流区。

在入流流量8780m^3/s、4台机组满发且溢流坝段开启纵向围堰左侧3孔情况下（图3-6），水流的45%从溢流坝泄水闸下泄，坝前水位控制在1022m时，坝前回流仍在厂前引水渠区域（坝前0～200m）和纵向围堰右侧区域（坝前0～500m）存在，厂前最大表面回流流速约为0.96m/s，纵向围堰右侧区域表面回流流速约为0.83m/s；另外，在坝上游（坝前0.5～1.2km）库段左岸503电厂凸岸高滩也形成缓流回流区，表面回流流速约为0.49m/s。

在入流流量12100m^3/s、4台机组满发且溢流坝段开启5孔情况下，坝前水位为1022m，坝前回流仅在厂前引水渠区域（坝前0～200m）存在，厂前最大表面回流流速约为0.96m/s；另外，503电厂凸岸高滩（坝前0.5～1.2km）的缓流回流区范围向下延伸至坝前200m，表面回流流速约为0.54m/s。

在入流流量13000m^3/s、4台机组满发且溢流坝段敞泄情况下，坝前回流出现在厂前（坝前0～180m）、库段左岸503电厂凸岸高滩（坝前0.2～0.4km）和（坝前0.5～1.2km）时，最大表面回流流速约为0.11m/s、0.77m/s和0.34m/s。

3.3.3.2 枢纽运用不同时期坝区泥沙淤积

1. *淤积量*

水库蓄水后，由于受坝前水位抬高，流速减小，河道输沙能力降低的影响，河床普遍产生淤积，淤积量随水库运用年限的增加而逐年增大直至淤积平衡，统计结果见表3-7。数学模型计算表明，由于上游水库的拦沙作用，水库运用初期悬移质排沙比均可达到

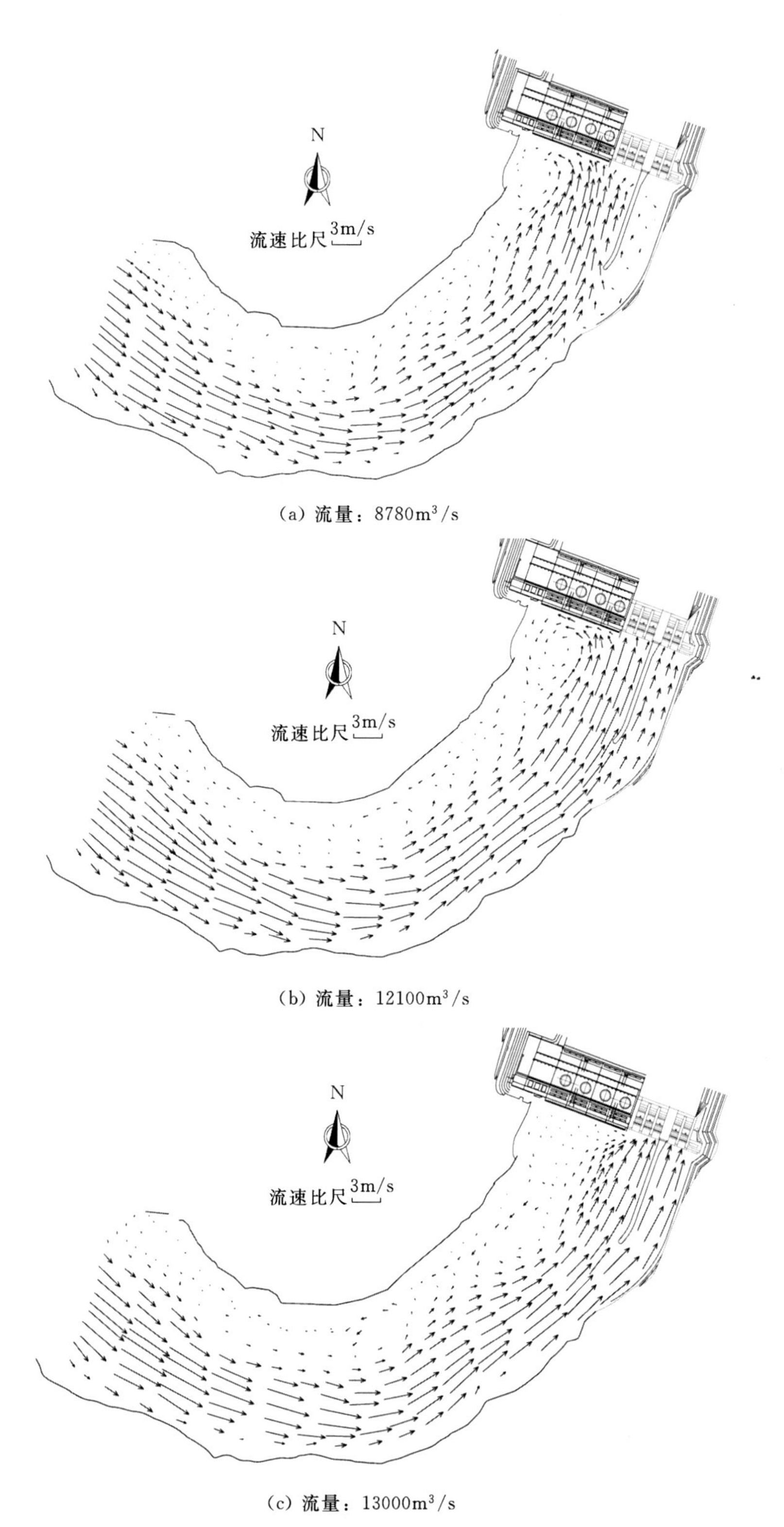

(a) 流量：8780m³/s

(b) 流量：12100m³/s

(c) 流量：13000m³/s

图 3-6　近坝段表面流场

99.98%～99.96%。试验中对枢纽运用至第20年末后又选取了20年水文系列年中输沙量较大的3年，进行补充试验。补充试验20+3年末与第20年末的河道淤积地形进行了对比观测，二者已比较接近，冲淤量基本稳定，金沙电站运用20年坝区泥沙冲淤达到基本相对平衡。

表3-7　　坝区河段泥沙累积淤积量统计表

河段范围	淤　积　量/万 m^3				
	第5年末	第10年末	第15年末	第20年末	第20+3年末
坝前0～0.5km	51.64	87.71	121.25	138.82	142.01
坝上0.5～3km	87.12	127.73	200.73	249.83	253.58
坝上游3～5.5km	147.26	199.82	223.98	266.05	269.51
全河段5.5km	286.01	415.26	545.96	654.69	665.10

坝区河段河道平面形态呈S形，由两个连续弯道段组成，且弯道段间过渡段较短，在枢纽运用1～20年过程中及20+3年末，坝区河段河道基本表现为弯道（老花地弯道24～62号段和503电厂弯道）凸岸累积淤积，平均淤积厚度为4.5～10.5m；进口段和弯道过渡段以原河床平淤为主，平均淤积厚度为2.5～4.5m。枢纽运用20年末，河床仍保持宽浅U形，为原始河床的轮廓，坝区上游河段河宽无明显变化（图3-7）。

图3-7　坝前淤积形态（试验照片）

2. 厂前淤积

电厂进口布置在溢流坝段左侧，其中电站前平台2号、1号机组段高程963.5m，4号、3号机组段高程956.9m；电站进水口底板高程988.5m，排沙洞底板高程972.8m。电站进口底板与进口平台高程相差31.6m（4号、3号机组）和25m（2号、1号机组），排沙洞底板与进口平台高程相差15.9m（1号排沙洞）和9.3m（2号排沙洞）。试验观测表明：电站建成后在坝前段，上游悬移质泥沙主要是沿河道主槽经泄水闸从上游径直向下游输送，在到达电站前池上游附近后，部分从电站机组通过向下游输移。

在枢纽运用过程中，电站几乎未关机敞泄，电站前产生回流、缓流淤积。随着枢纽运用年限的增加，电厂前淤积逐渐增大，但断面形态基本不变。枢纽运用不同时期（表3-8）电厂前缘10m处，5年末累积最大淤积高程至972m，淤积厚度最大8.5m，10年末累积最大淤积高程至985.2m，淤积厚度最大21.7m，淤积高程基本未超过电厂进水口底板高程988.5m；枢纽运用第15年末厂前累积最大淤积高程至988.3m，淤积厚度最大24.8m，20年末累积最大淤积高程至988.5m，淤积厚度最大25m，仅右侧2号和1号机组段前缘累积淤积高程达到或接近了电厂进水口高程988.5m，因电厂取水时在厂前形成稳定进水漏斗，不影响电厂正常取水。

表3-8　枢纽运用不同阶段厂前泥沙淤积统计表　单位：m

断面位置	枢纽运用阶段	4号机组		3号机组		2号机组		1号机组	
		淤积高程	淤积厚度	淤积高程	淤积厚度	淤积高程	淤积厚度	淤积高程	淤积厚度
厂前10m	第5年末	964.2	7.3	964.2	7.3	971.4	7.9	972.0	8.5
	第10年末	974.0	17.1	974.0	17.1	979.5	16.0	985.2	21.7
	第15年末	974.5	17.6	975.0	18.1	984.0	20.5	988.3	24.8
	第20年末	975.0	18.1	978.0	21.1	987.5	24.0	988.5	25.0
	第20+3年末	975.1	18.2	978.1	21.2	987.7	24.2	988.6	25.1

注　电站前平台2号、1号机组段高程963.5m，4号、3号机组段高程956.9m；电站进水口底板高程988.5m，排沙洞底板高程972.8m。

坝前段（坝前0～0.5km）在枢纽运用过程中，汛期河道右侧为主要泄流通道，电厂段形成缓流和回流区，泥沙将累积淤积，右岸溢流坝段内流速较大，泥沙累积淤积较小，因此淤积沿横断面主要分布在近左岸区域（1～3号机组）。从电站前泥沙淤积过程（表3-9），枢纽运用第5年末，坝前河床最大淤积厚度为4.2～5.5m；第10年末，最大淤积厚为6.5～9.9m；第15年末，最大淤积厚为8.5～16.0m；第20年末，最大淤积厚为11.5～21.3m。

表3-9　枢纽运用不同阶段电站前河床淤积平均厚度　单位：m

断面号	河床淤积平均厚度				
	厂前40m	厂前80m	118号	117号	116号
距电站距离	40	80	120	160	180
第5年末	5.0	5.5	3.6	4.3	4.2
第10年末	9.5	9.5	9.9	6.5	8.5
第15年末	10.5	15.0	16.0	8.5	10.5
第20年末	15.0	17.0	21.3	11.5	13.3
第20+3年末	15.2	17.1	21.3	11.6	13.5

因电站位于503电厂弯道段内，且在枢纽运用过程中，电站几乎未关机敞泄，水流基本通过电站机组和紧邻电站右侧溢流坝段3孔泄水闸下泄，受蓄水和坝前河道形态影响，在近坝段的弯道凸岸段形成不同程度的缓流回流范围，泥沙累积淤积主要发生在该区域，汛期时，坝前段主流基本贴右岸下行，河道主槽泥沙淤积较少，在坝址附近通过紧邻电站右侧溢流坝段泄水闸下泄，可部分将电站前泥沙部分带往下游。试验结果表明，在枢纽运用到20年末，电厂进水口前泥沙淤积高程部分位置达到或接近了电厂进水口高程，未出

图3-8 电站厂前淤积形态（试验照片）

现进水口堵塞现象，因电厂取水时在厂前已形成稳定进水漏斗（图3-8）。

3. 电厂过机泥沙

水库蓄水后，坝前水位抬高，进入坝区泥沙主要为悬移质。坝前水流的悬移质含沙量与粒径，在横向分布上为中间稍大两侧较小，在垂线分布上为底部略大于上层，但由于坝前水流紊动较强，因此这种差异不明显。

枢纽运用第5年，在流量6400m³/s、坝前水位1022m条件下，通过电站机组的水流含沙量为0.22～0.13kg/m³，悬移质中值粒径为0.009～0.013mm（表3-10）；枢纽运用第10年，在流量8000m³/s、坝前水位1022m条件下，通过电站机组的水流含沙量为0.42～0.29kg/m³，悬移质中值粒径为0.010～0.015mm；枢纽运用第15年，在流量6400m³/s、坝前水位1022m条件下，通过电站机组的水流含沙量为0.34～0.26kg/m³，悬移质中值粒径为0.010～0.018mm；枢纽运用第20年，在流量8000m³/s、坝前水位1022m条件下，通过电站机组的水流含沙量为0.65～0.56kg/m³，悬移质中值粒径为0.017～0.023mm。

表3-10 枢纽运用不同时期电站过机泥沙分析

枢纽运用阶段	流量/(m³/s)	含沙量及粒径	模型进口	电厂			
				1号	2号	3号	4号
第5年末	6400	S/(kg/m³)	0.25	0.13	0.15	0.20	0.22
		D_{50}/mm	0.015	0.009	0.01	0.011	0.013
第10年末	8000	S/(kg/m³)	0.47	0.29	0.35	0.38	0.42
		D_{50}/mm	0.018	0.01	0.011	0.013	0.015
第15年末	6400	S/(kg/m³)	0.35	0.26	0.28	0.32	0.34
		D_{50}/mm	0.021	0.010	0.010	0.011	0.018
第20年末	8000	S/(kg/m³)	0.66	0.56	0.61	0.63	0.65
		D_{50}/mm	0.025	0.017	0.018	0.021	0.023

4. 坝前淤积物

枢纽运用不同时期，厂前淤积物粒径有所不同。枢纽运用第10年末，1～4号机组坝前段60m区域库区淤积物中值粒径为0.044～0.084mm；第15年末，淤积物中值粒径为0.0176～0.119mm；第20年末，坝前段淤积物中值粒径为0.105～0.132mm。

5. 排沙效果

在枢纽运用过程中，在第10年末和第15年末分别开启排沙孔进行排沙试验（图3-9）。排沙时机选择在汛后，排沙历时为24小时。枢纽运用第10年末和第15年末，排沙孔未运用，厂前缘10m处最大淤积高程分别为974～985.2m和974.5～988.3m。在枢纽运用第10年末和第15年末，开启2个排沙孔，排沙后，厂前淤积物有所冲刷，并形成较为稳定的冲刷漏斗。在第 10 年末，2 号排沙孔前缘漏斗横坡为 1∶2.5～1∶10，纵坡为 1∶4～1∶6；在第 15 年末，2 号排沙孔前缘漏斗横坡为 1∶2.4～1∶3.5，纵坡为 1∶3.5～1∶4.5，1 号排沙孔前缘漏斗横坡为 1∶2.4～1∶5.8，纵坡为 1∶6～1∶10。可见排沙孔排沙效果显著，能保证电厂进水口“门前清”。

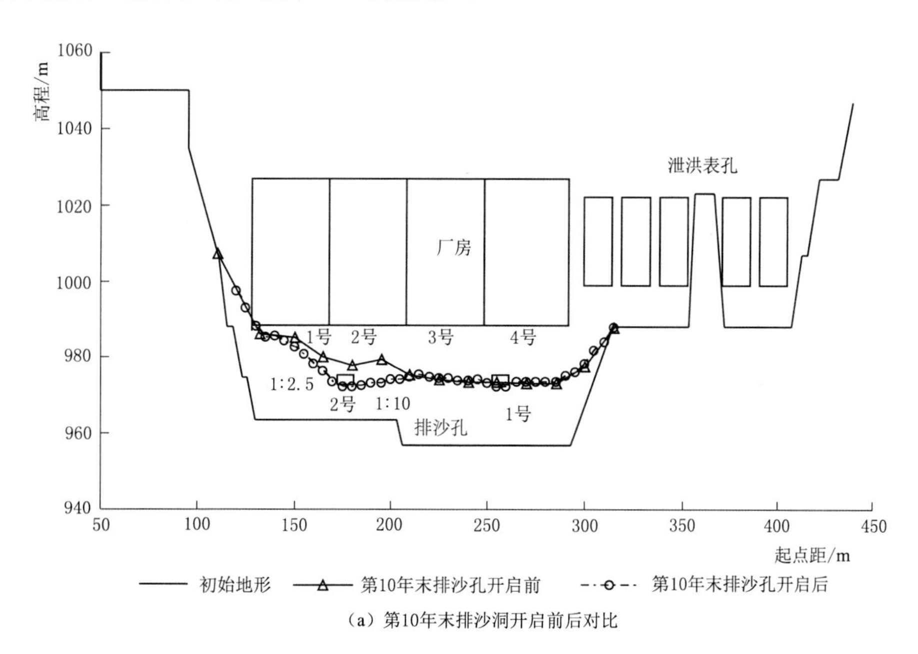

（a）第10年末排沙洞开启前后对比

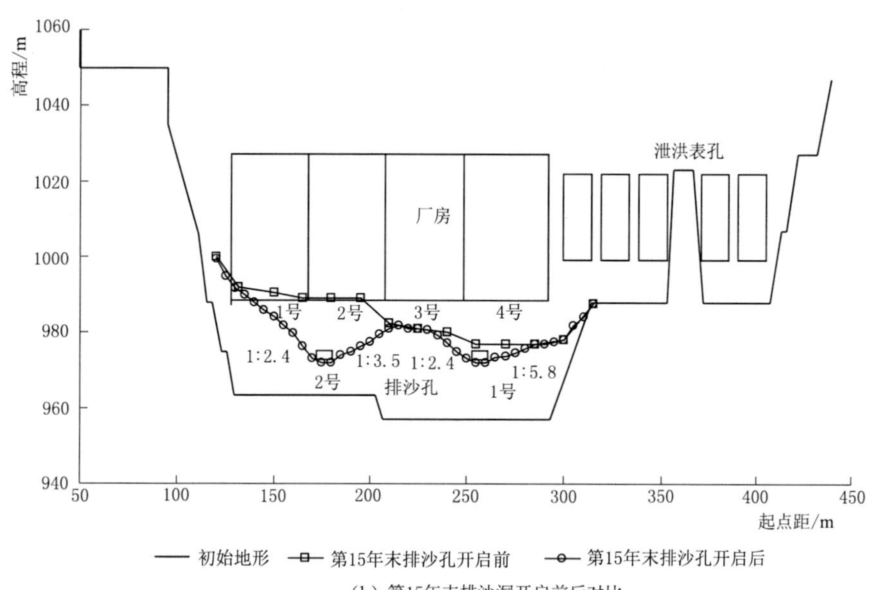

（b）第15年末排沙洞开启前后对比

图 3-9　排沙效果

6. 电站引水防沙

试验主要是在模型上分别施放了 $8780m^3/s$、$12100m^3/s$ 和 $13000m^3/s$ 共三级流量，

在枢纽上游不同位置较大量的投放按粒径比尺缩小示踪沙，以观测泥沙运动方向和运动路径。当上游来水量为 8780m^3/s 时，厂房泄水发电（Q=3818m^3/s），其余来量由 5 孔泄洪闸控泄；当上游来水量为 12100m^3/s 时，厂房不发电，5 孔表孔控泄；当上游来水量为 13000m^3/s，厂房不发电，5 孔表孔敞泄。

电站建成后，洪水期上游来沙主要是沿河道主槽从上游径直向下游输送，在坝前约 230m 纵向围堰处分流，在右岸泥沙经 2 孔泄洪闸泄向下游，砾卵石在此区域有少量堆积；左岸悬移质泥沙越过拦沙坎，在厂房前缘有所落淤，并大部分经厂房右侧 3 孔泄洪闸泄向下游。试验期间，未见砾卵石（粒径大于 2mm）泥沙越过拦沙坎。

3.4 小结与分析

（1）空库条件下不同调度特征流量时坝区流速流态的观测显示，在 4 台机组发电，溢流坝段不开启或泄洪闸开启 3 孔，或泄洪闸 5 孔全开时，坝前回流缓流主要分布在厂前引水渠区域（坝前 0～200m）和纵向围堰右侧区域（坝前 0～500m），以及坝前 0.5～1.2km 的库区左岸 503 电厂凸岸高滩区，且随流量增加回流缓流范围有不同程度的扩大和上延。

（2）水库蓄水后，坝区上游段呈单向淤积，弯道（老花地弯道 24～62 号段和 503 火电厂弯道）凸岸累积淤积，平均淤积厚度为 4.5～10.5m；进口段和弯道过渡段以原河床平淤为主，平均淤积厚度为 2.5～4.5m；枢纽 20 年后补充试验表明，坝区河道断面淤积形态变化不大，坝区冲淤量基本稳定，泥沙冲淤达到基本相对平衡。

（3）在枢纽运用过程中，坝前段泥沙淤积特点为：①枢纽运用至 20 年末，电站前 30m 处，仅右侧 2 号和 1 号机组段前缘淤积高程达到或接近电厂进水口底板高程，其余位置累积淤积高程远未达到电站进水口底板高程 988.5m，电厂取水时在厂前形成稳定进水漏斗；②枢纽运用至 20 年末，由于受坝前河段河势及枢纽调度运用影响，泥沙主要淤积位置发生在厂前 100～500m 的 503 电厂凸岸段；汛期河道右侧为主要泄流通道，在坝前段泥沙淤积沿横断面主要分布在近左岸区域（1～3 号机组）。

（4）在枢纽运用过程中，电站过机水流含沙量及悬移质中值粒径都不大，基本无粗沙过机；枢纽排沙洞与电站进水口底板高差为 15.7m，在枢纽运用不同时期，运用排沙洞后能确保电站“门前清”。

（5）洪水期上游来沙主要是沿河道主槽从上游径直向下游输送，坝前段纵向围堰处分流后，右岸侧泥沙经 2 孔泄洪闸泄向下游，砾卵石在此区域有少量堆积；左岸侧悬移质泥沙越过拦沙坎，在厂房前缘有所落淤，并大部分经厂房右侧 3 孔泄洪闸泄向下游；试验期间，未见砾卵石（粒径大于 2mm）泥沙越过拦沙坎。

第4章

滇中引水取水口模型试验

4.1 工程背景

金沙江为长江上游，长江正源发源于青藏高原唐古拉山脉主峰格拉丹冬雪山（海拔6621m）西南侧的姜根迪如冰川，先自东流向西，而后自东南流向西北，在发源于尕恰迪如岗雪山（海拔6513m）的两条支流汇入后称纳钦曲。流向转向北，在切美苏曲汇入后称沱沱河。穿过祖尔肯乌拉山区后约125km，江塔曲从左岸汇入，流向折向东，至囊极巴陇当曲由南岸汇入后称通天河。当楚玛尔河汇入后，流向折转东南，过直门达水文站后，始称金沙江。干流至藏曲口后转向南横断山脉平行，至石鼓后成一急弯流向东北，成为“长江第一弯”。过三江口流向急转向南，过金江街折向东，至四川省宜宾市合江门与岷江汇合后始称长江。

石鼓河段位于金沙江上游，为高山丘陵地区。河道两岸山峦在漫长的历史岁月中，受降水和大风的侵蚀，河谷逐渐相对宽阔。地质勘探资料表明，两岸滩地覆盖层较厚，中下层多为卵石，上层泥沙相对较细，部分为壤土或夹沙，河道深槽也多为卵石覆盖。河道覆盖物系大洪水作用下，卵石推移下泄，淤积形成。石鼓河段水流穿越其相对宽阔的河谷地区，冲刷下切，形成相对宽阔沙滩和阶地，并受部分山岩走势的控制，逐渐演变为宽窄相间的分汊型河道。在历史演变过程中，河道地形受洪水影响相对明显，枯水期泥沙含量较小，河床较为稳定。

石鼓以上的金沙江上游属微度水土流失地区。直门达以上地区地处青藏高原，地势较平坦，河谷切割不深，人烟稀少，降水量少且无暴雨发生。直门达水文站多年平均年输沙量为937万t，多年平均年输沙模数为68.1t/km^2，为金沙江流域水土流失最小地区。

金沙江石鼓上游的径流补给主要来源于降水，但冰雪融水、地下水是基础。径流分布与降水的分布相应，呈从上至下沿程增加。直门达站多年平均年径流深为90.8mm，石鼓站多年平均年径流深为196mm，由于流域的降水量沿河流走向增大，因而从上至下年径流量的增长率远大于集水面积的增长率。据同步实测资料统计（1953—2000年），多年平均年径流量直门达站为127亿m^3，石鼓站为420亿m^3，年径流量增加了236%，而集水面积仅增加了56%，径流增加量是集水面积增加量的4.21倍。

滇中引水工程是国家重要的民生工程。滇中引水石鼓水源工程布置于大同村下游金沙江右岸滩地，取水口位于石鼓上游约1.5km处金沙江右岸。工程区总体属高中山地貌区，山顶地面高程一般为 2600～3500m，金沙江、冲江河河谷较开阔，左沟河河谷较窄、岸坡高陡。工程所在河段金沙江河谷呈 U 形，平水期水面高程 1817～1818m，江面宽 350m 左右，洪水期宽达 700 余 m。引水渠顺冲江河口上游 0.6～1.7km 大同村河段金沙江右岸滩地布置，地面高程 1820～1826m，右侧 S225 省道及其内侧地段稍高，一般为 1824～1826m。

4.2 实体模型设计及方案

4.2.1 模型设计

4.2.1.1 模拟范围

模型为正态，几何比尺 1∶50。模型比尺按水流运动相似和泥沙运动相似等模型相似律确定。模拟河道长约 5.5km（金沙江把岔湾至马鞍山）。模型布置示意图见图 4-1。

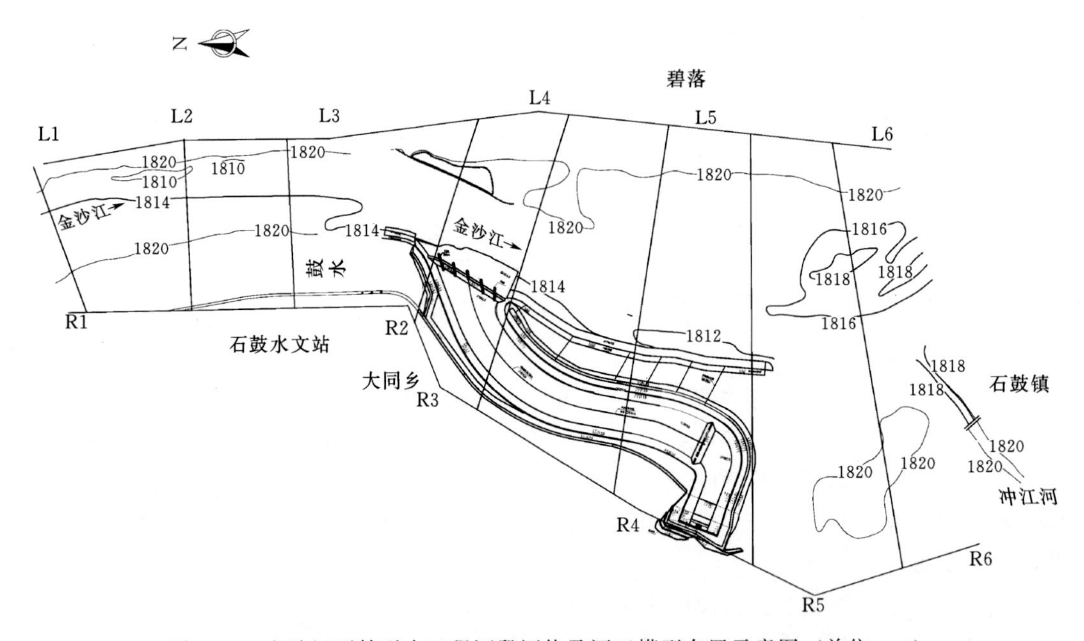

图 4-1 金沙江石鼓引水工程河段河势及河工模型布置示意图（单位：m）

选用株洲精煤作为模型沙，其容重为 1.33t/m^3，干容重为 0.62t/m^3。煤粉具有堆积密度轻、性质稳、加工方便的特点，是较好的天然模拟材料，其泥沙沉降相似性较好，同时也能模拟推移质运动情况。

由于该次模型试验的主要目的为引水渠内的沿程泥沙淤积，进入引水渠内的泥沙基本为悬移质泥沙，仅引水渠口门附近有少量的沙质推移质冲淤，故该次模型以悬移质运动模拟为主，并采用其时间比尺作为模型试验控制比尺。模型各项比尺见表 4-1。

4.2.1.2 模型验证

模型主要进行了水面线、断面流速分布、地形冲淤等方面的相似性验证。

表 4-1　　模型设计比尺

相似条件	比尺名称	采用比尺值
几何相似	平面比尺	50
	垂直比尺	50
水流运动相似	流速比尺	7.07
	流量比尺	17677
	糙率比尺	1.92
悬移质运动相似	沉速比尺	8.94
	粒径比尺	1.19
	起动流速比尺	7.07
	含沙量比尺	0.40
	输沙率比尺	7044
	冲淤时间比尺	50
砂卵石推移质运动相似	粒径比尺	3.75
	单宽输沙率比尺	27.7
	干容重比尺	2.67
	冲淤时间比尺	50

1. 水面线验证

根据该河段 2015 年 8 月（$Q=2180m^3/s$）实测水位资料和 D04～D09 水尺的水位流量关系，进行了定床模型面水线验证，模型采用 D04～D09 水尺进行对比观测，模型尾门水位控制站为 D08。模型采用当量粒径为 1.5cm 的风口石进行梅花形加糙以调整其河床糙率，验证结果见表 4-2，可以看出各级流量下模型水位与原型水位吻合较好，最大偏差 0.05m，符合《河工模型试验规程》（SL 99—2012）要求，说明模型综合阻力与原型基本相似。

表 4-2　　模型水面线验证表　　单位：m

流量/(m^3/s)	项目	水位站		
		D05	D06	D07
11200	原型	246.36	246.05	245.76
	模型	246.32	246.01	245.76
	偏差	−0.04	−0.04	0
36000	原型	256.22	255.91	255.45
	模型	256.18	255.86	255.43
	偏差	−0.04	−0.05	−0.02

2. 流速分布验证

根据该河段 2015 年 8 月流量为 $2180m^3/s$ 的实测断面流速分布和模型尾门水位资料，在模型上进行了断面流速分布的验证。试验结果表明（表 4-3），模型各断面主流位置、垂线平均流速大小及横向分布与原型基本一致，断面最大垂线平均流速偏差范围在±0.10m/s以内，满足《河工模型试验规程》（SL 99—2012）要求，说明模型水流运动沿程变化与原型基本相似。

表4-3　各断面测流垂线0.6h水深处流速验证（Q=2180m^3/s）　单位：m/s

断面	项目	不同起点距流速							
		51m	79m	107m	135m	163m	191m	219m	247m
D05	原型	2.17	2.43	2.24	2.21	1.95	1.67	1.37	0.98
	模型	2.34	2.26	2.26	2.01	2.15	1.8	1.61	1.02
	偏差	0.17	−0.17	0.02	−0.2	0.2	0.13	0.24	0.04
断面	项目	不同起点距流速							
		315m	345m	375m	405m	435m	465m	495m	525m
D06	原型	1.87	2.3	2.22	2.47	2.39	2.16	2.15	1.57
	模型	1.69	2.32	2.38	2.42	2.44	2.19	2.13	1.72
	偏差	−0.18	0.02	0.16	−0.05	0.05	0.03	−0.02	0.15
断面	项目	不同起点距流速							
		522m	552m	582m	683m	843m	890m	940m	
D07	原型	2.28	1.26	0.85	1.76	2	2.44	2.03	
	模型	1.99	1.49	0.69	1.52	1.91	2.33	1.92	
	偏差	−0.29	0.23	−0.16	−0.24	−0.09	−0.11	−0.11	

3. *地形冲淤验证*

该次模型试验选用株洲精煤作为模型沙。株洲精煤性质稳定、比重轻，主要用于泥沙沉降相似为主的模型试验。在长江三峡工程、葛洲坝工程等枢纽工程的坝区泥沙模型试验中被广泛运用。葛洲坝枢纽电站和引航道进流段与本次试验的引水渠情况相近，其进流段以淤积为主，且水深不大，并存在冲淤交替过程，其可靠性已得到验证。

该次试验验证主要是根据2010年和2015年的地形资料，对石鼓镇附近长约1.5km河道进行了冲淤验证。根据测量及计算，原型石鼓镇附近河道，2010—2015年间河床冲刷22.4万m^3，模型冲刷18.5万m^3，相差17.4%。原型河道主要冲刷部位为河道中部江心洲滩和中下段左侧河道，主要淤积部位位于边滩和心滩，通过地形对比，模型冲淤部位与原型基本一致，河床冲淤基本相似。

4.2.2　试验方案

该次试验方案以2018年1月水利部批准的《滇中引水初步设计报告》推荐的长引水渠方案为基础，根据设计要求，在定床模型上进行了两个方案的对比试验。

1. *长隔流墙方案（初步设计推荐方案）*

长隔流墙方案引水渠沿金沙江右岸大同村下游河滩平地大致呈“∽”形布置，全长1255m，由引水口门、沉沙池和连接段3部分组成。渠底平面尺寸为968m×110m（长×宽），沉沙池末端通过连接段与引水隧洞进水塔相接。

引水口门宽 284m，口门处高程 1814.00m，前与金沙江河道相通，后与沉沙池相接，为改善进口水流流态，沿引水口门均匀布置 5 道导流堤，导流墙长度 36～50m，厚度 80cm，导流墙顶高程 1822.5m。

沉沙池长 968m，底宽 100～120m，为减少推移质入渠，沉沙池段进口设置一道拦沙坎，坎顶高程 1815.50m，坎长 284m。拦沙坎前接引水口门，后接沉沙池，沉沙池底高程 1810.0m，沉沙池末端也设置一道拦沙坎，坎顶高程 1814.6m，坎长 143m。

连接段长 286.65m，前接沉沙池底宽 120m，后接引水隧洞进水塔，底宽 60m，连接段前 166.65m 底高程 1810m，进水塔前 50m 范围内底高程为 1803m，其间以 1∶10 底坡相接。

引水渠两侧渠坡坡比为 1∶2.5，渠顶高程 1827.50m，高程 1820m 设置马道，马道宽 2m。

沿引水渠轴线布置隔墙，墙厚 0.8m，进流弯道段隔墙墙顶高程 1820m，中部顺直段及下部连接段墙顶高程 1820m。

长隔流墙方案与原 1/80 模型试验推荐的方案比较，主要是隔流墙顶部高程由 1822.5m 下降至 1820m。

2. 短隔流墙方案

短隔流墙方案渠道布置形态与长隔流墙方案基本一致，仅对隔流墙和渠道进口的导流墙进行调整。

隔流墙顶部高程由原方案 1822.5m 下降至 1820m，并取消下段隔流墙，隔流墙长度由原长约 1232m 减小至 631m。

渠道进口导流墙的高程由 1822.5m 下降至 1820m，长度仍在 36～50m 之间，但隔流墙位置略有小的调整。将 2 号、4 号和 5 号导流墙下端与拦沙坎坎脚位置相近。2 号和 4 号导流墙的长度调整为相等，均为 40m。

4.3 定床模型试验

4.3.1 试验条件

定床模型试验主要研究两个方面：第一个方面为金沙江石鼓河段工程前后变化情况，第二个方面为引水渠内水流流速和流态。

拟建的引水渠口门位于河道凸岸边滩，中小流量下主流靠近引水渠口门。大洪水时引水渠进口对岸的金沙江滩地淹没，水流向左扩散，引水渠进口的方向与金沙江的主流流向夹角增加，随着洪水流量进一步增加，20 年一遇设计洪水时引水渠口门处的水流变为缓流区。因此，模型试验需要考虑不同流量下水流运动情况。

根据水文特性分析统计，石鼓河段汛枯流量变幅大，石鼓水文站汛期 6—10 月的各月平均流量为 1330～3090m^3/s，其他月份月平均流量为 400～890m^3/s。对于工程前后河道流速变化研究，定床模型试验除考虑设计运行高水位和低水位外，应研究上述代表性的水文工况，因此工程前后变化研究的定床模型试验流量确定为 4 级，分别为 435m^3/s（生态流量+设计引水流量、接近 1—3 月枯季平均流量）和 720m^3/s（涨落水过程平均流量即 4—5 月、11—12 月平均流量）、2180m^3/s（5—10 月汛期平均流量、接近平滩流量）、3580m^3/s 和 5153m^3/s，引水渠的流量为设计取水流量。

表 4-4　　模型试验控制条件

序号	金沙江流量/(m^3/s)	引水渠流量/(m^3/s)	尾门水位/m
1	435	135	1815.79
2	720	135	1816.48
3	2180	135	1818.42
4	3580	135	1819.63
5	5153	135	1821.36

4.3.2 试验成果分析

1. 工程运行后金沙江水位及比降变化

引水工程运行后，由于工程抽调水流，上游来流量相同情况下，工程下游河道流量减小，各级流量下河道水位均表现为下降态势。上游来流量越小，引水流量占总流量的百分比增大，河道水位的下降幅度相对较大。大洪水时因工程仅占据了位于河道右岸高滩缓流区域，对水流影响作用不大，河道的水位下降相对较小。

长隔流墙方案和短隔流墙方案进口位置和形态相同，引水流量一致，伸出江中长度也接近，仅导流墙方向略微调整，其对金沙江水流泥沙运动的影响基本相同。两方案工程前后变化见表 4-5。

表 4-5　　工程前后金沙江水位下降情况　　单位：m

流　　量	断面	工程前水位	工程后水位	水位下降值
金沙江 435m^3/s，引水渠 135m^3/s	DM5	1816.74	1816.37	−0.37
	DM6	1816.60	1816.19	−0.41
	DM7	1816.11	1815.79	−0.32
金沙江 720m^3/s，引水渠 135m^3/s	JM5	1817.36	1817.08	−0.28
	DM6	1817.19	1816.89	−0.30
	DM7	1816.74	1816.48	−0.26
金沙江 2180m^3/s，引水渠 135m^3/s	DM5	1819.27	1819.07	−0.20
	DM6	1818.97	1818.75	−0.22
	DM7	1818.57	1818.42	−0.15
金沙江 5153m^3/s，引水渠 135m^3/s	DM5	1821.96	1821.79	−0.17
	DM6	1821.69	1821.50	−0.19
	DM7	1821.48	1821.22	−0.14

从表 4-5 分析，各个工况水尺水位变化比较，DM5～DM6 间水位下降较大，其中上游来流量 435m^3/s、引水流量 135m^3/s，DM6 水位下降达到 0.41m。5153m^3/s 流量下，

各个监测水位站水位下降均小于0.20m。工程下游金沙江水位的下降主要是流量变小所致，引水口上游河道水位下降主要是下游水位降低引起。

引水工程运行后，引水工程口门上游的河道比降较工程前增加，口门下游河道比降趋向平缓，变化幅度在0.1‰～－0.07‰之间（表4－6）。工程前河道比降变化特点是宽阔河段中小流量比降大，狭窄河段比降小。洪水呈相反的规律，一般宽阔河段比降小，狭窄河段比降大。引水工程运行后，并未改变其河道的比降变化规律。

表4－6　　工程前后金沙江水面比降变化

流　　量	断　　面	工程前水面比降	工程后水面比降	水面比降变化/‰
金沙江 $435m^3/s$，引水渠 $120m^3/s$	DM5～DM6	0.22	0.28	0.06
	DM6～DM7	0.38	0.31	－0.07
金沙江 $720m^3/s$，引水渠 $135m^3/s$	DM5～DM6	0.26	0.29	0.03
	DM6～DM7	0.35	0.32	－0.03
金沙江 $2180m^3/s$，引水渠 $135m^3/s$	DM5～DM6	0.46	0.50	0.03
	DM6～DM7	0.31	0.26	－0.05
金沙江 $5153m^3/s$，引水渠 $135m^3/s$	DM5～DM6	0.42	0.43	0.02
	DM6～DM7	0.20	0.19	－0.02

注　表中长隔流墙方案、短隔流墙方案比降变化相同。

2. 引水工程河段金沙江流速变化

（1）引水工程附近金沙江河道河势及流速分布特点。

由工程河段主流流向观测（图4－2）可见，引水工程口门位于弯曲河道凸岸下过渡段上端，工程取水属凸岸下段侧向引水，引水渠与主流的夹角较大。水流流速分布（图4－3、图4－4）也表明，中小流量下，主流从引水口门对岸开始从左岸向右岸过渡，洪水时漫滩，弯道顶点上移，引水口门附近河道水流向左扩散，口门附近河道主流大幅左移，引水口进流与主流的夹角相应扩大，达到60°以上。

由于流量越小金沙江主流越弯曲，并越靠近引水口门，在中小流量下，引水口门前的缓流区域较小，洪水时，流速漫滩，引水口附近出现回流，且回流和缓流区范围较大。

（2）引水工程运行前后金沙江河道流速变化。

引水工程运行后，金沙江石鼓河段流速变化总的特点是：引水口附近以及上游流速增加；引水口下游河道中小流量（石鼓水位低于1822m）流速减小，大洪水时流速增加。

从沿程各个断面比较（图4－5），引水口上游河宽缩窄，流速增加，枯水流速增加相对明显。引水口上游右岸滩面流速变化较小，致使水流更集中于深槽下泄。

引水口下游河段中枯流量流速下降，主要由引水后流量减小所致。枯水期引水后下游流量降幅相对较大，流速调整相应亦较大。引水口下游滩面宽阔、高程较低，滩面水流对中枯流量水位变化较敏感，滩面和深槽流速均有减小，工程下游石鼓镇缩窄段，流速下降

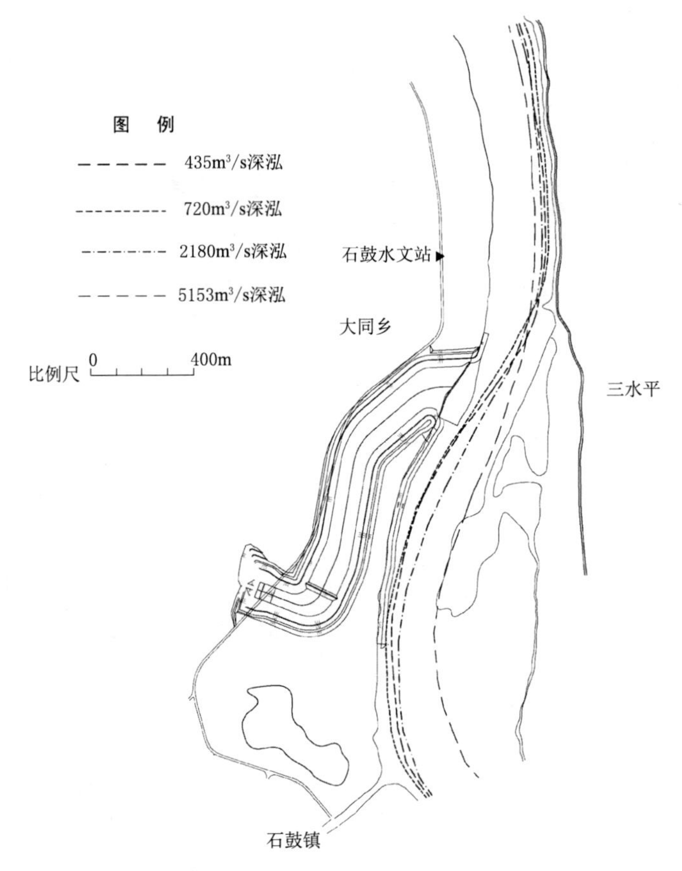

图 4-2 现状河道各级流量下金沙江石鼓河段主流线

主要在深槽内。

洪水水流漫过右岸高滩后，引水工程占据了右岸部分滩面，虽工程所处区域为缓流和回流范围，但工程限制了右岸水流扩展，流速出现增加态势。当发生 20 年一遇洪水时，L5 测流断面右侧深槽主流区各测点表面流速最大增加 0.19m/s。同时引水工程外侧边滩流速也有一定增加。

3. 引水渠水流流场

（1）流态。根据长隔流墙方案和短隔流墙方案流态图（图 4-6 和图 4-7）可见，各级流量下引水渠内均存在回流区和缓流区，流态均十分复杂。但也存在一定规律性和特点：

1）枯水流量 720m³/s 左右侧渠进流条件相差较小，渠道与金沙江水流方向衔接相对平顺，左右渠道的阻力接近，加上隔流墙导引作用，左右侧渠道水流流速分布均相对均匀，回流范围均较小，两方案相差不大。

2）中水流量 2180m³/s 下，金沙江水位接近两岸边滩滩面，金沙江主流线左移至河道深泓左侧，引水渠左侧渠道较右侧渠道的入流条件已有一定优势，短隔流墙方案下，右侧渠道上段缓流区或回流区范围较大，左右泵站调度对短隔流墙进口的流态作用也不明显。长隔流墙方案下左右渠道流态相对较好，渠道进流相对均匀。

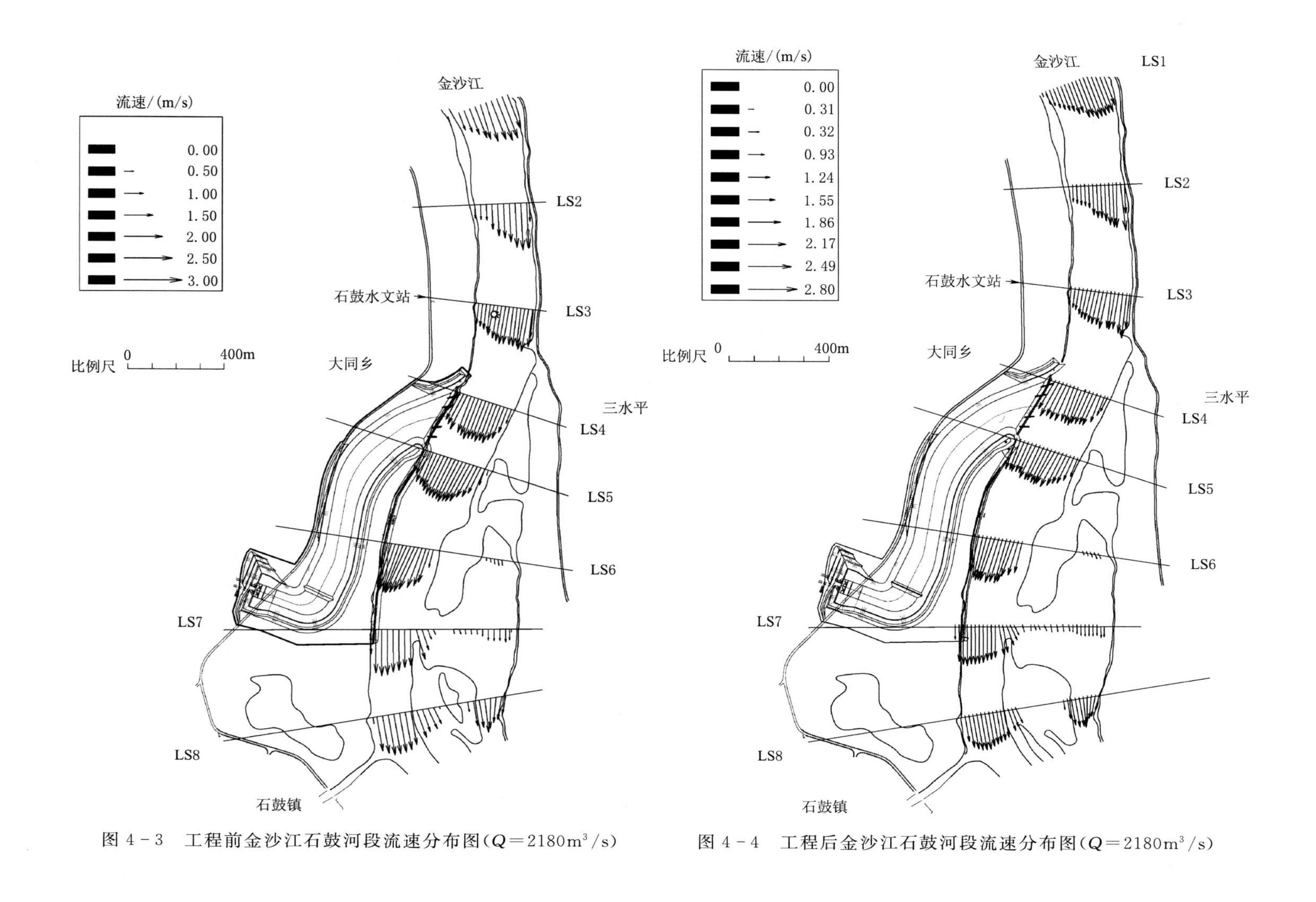

图 4-3 工程前金沙江石鼓河段流速分布图($Q=2180m^3/s$)

图 4-4 工程后金沙江石鼓河段流速分布图($Q=2180m^3/s$)

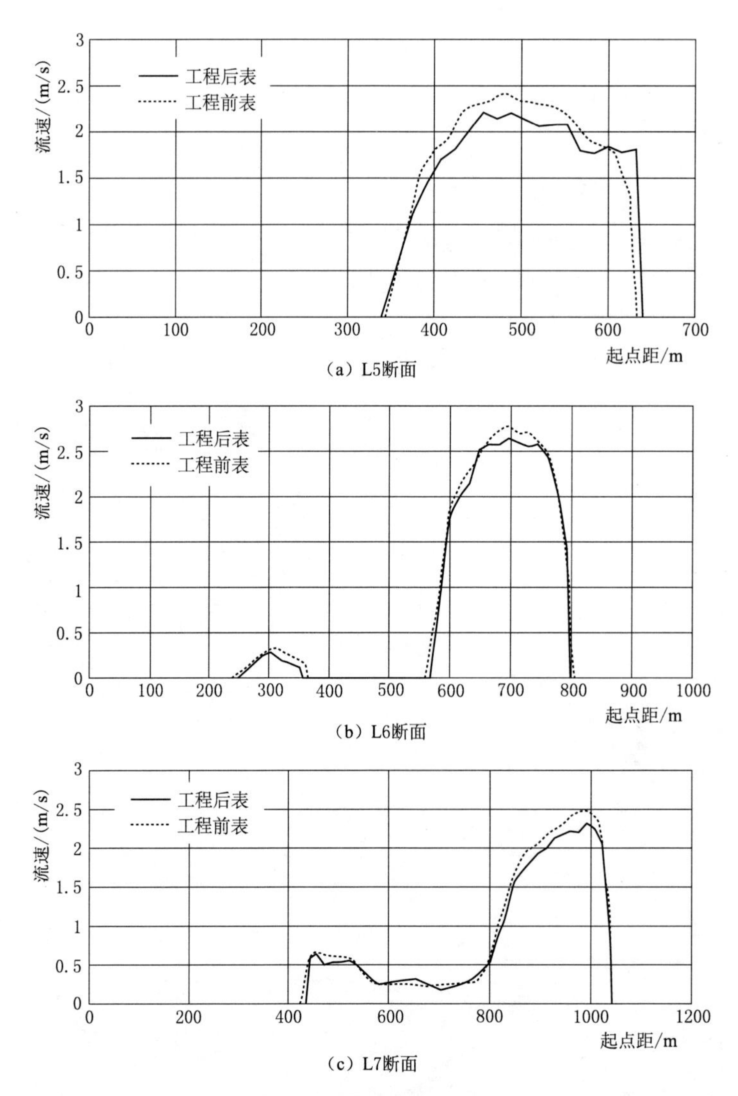

(a) L5断面

(b) L6断面

(c) L7断面

图 4-5 工程前后表面流速变化图（2180m^3/s）

3）发生较大洪水时，金沙江主流移至左岸边滩，引水渠左渠的进流条件较右渠优势明显，3580m^3/s 试验流量下，隔流墙淹没，水流主要从引水渠左侧口门进入，右侧渠道出现较大范围回流缓流区，两方案的流态差别逐渐变小，5153m^3/s 试验流量下两方案差别不大。

（2）流速。引水渠内流速大小对泥沙沉降影响较大，水流流速大，紊动性较强，泥沙难以淤积在设置的沉沙池段。两方案流速变化也具有共同规律，即随着金沙江流量增加，引水渠上弯道段流速增加，引水渠进口有效入流宽度减小，引水渠通过回流进入金沙江流量增加。引水渠下段水流已得到调整，流速分布相对均匀或平缓，随着金沙江流量增加，水位上升，流速减少。因此，引水渠上下段流速随金沙江变化规律是反向的。

两方案比较，在中水流量 2180m^3/s 下引水渠内流速差异较大，沿程均呈逐渐减小，但各级试验流量下，流速减小的规律存在明显差异。

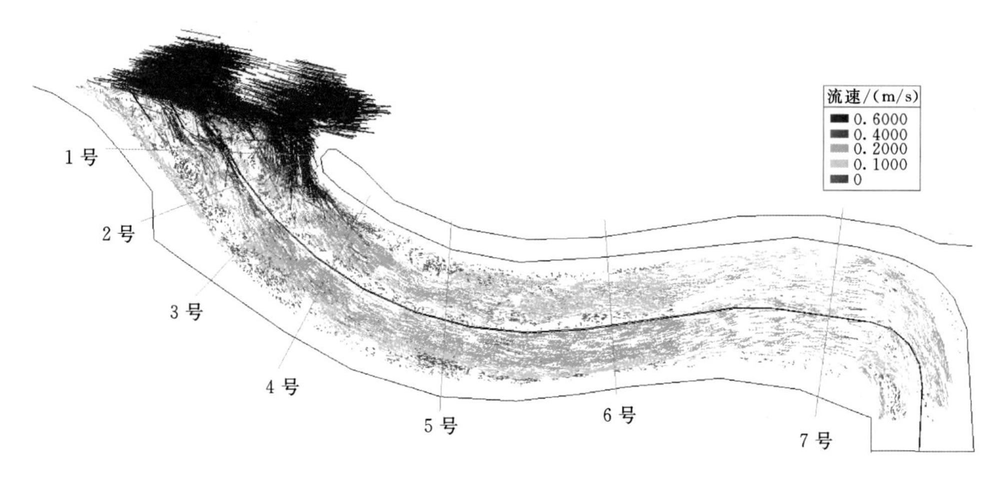

(a) 长隔流墙方案引水渠内流速分布(720m³/s)

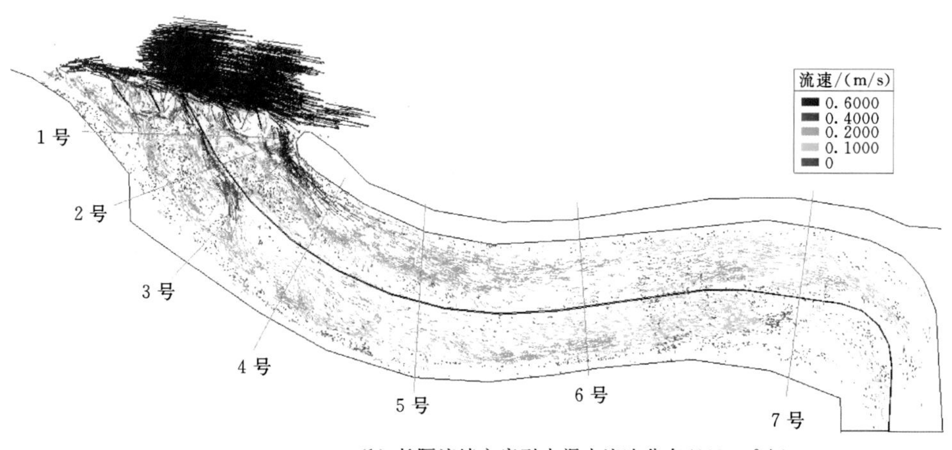

(b) 长隔流墙方案引水渠内流速分布(2180m³/s)

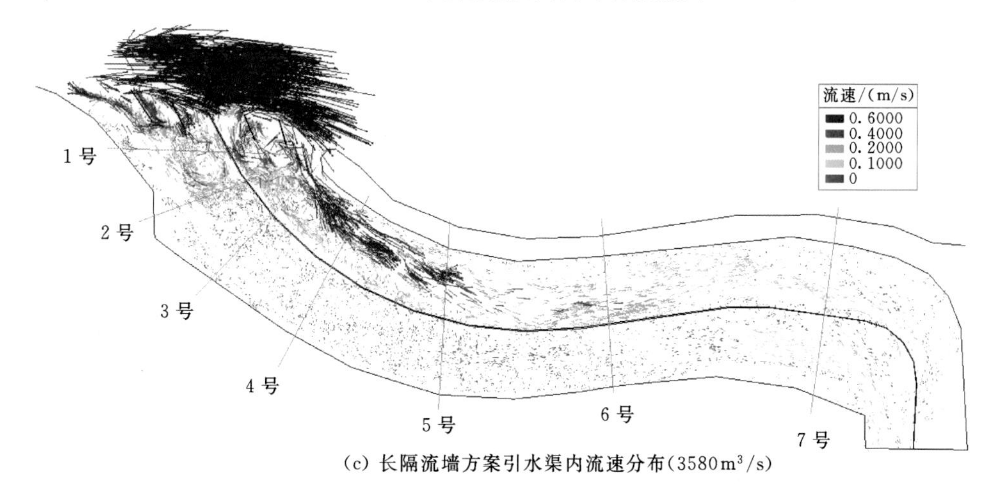

(c) 长隔流墙方案引水渠内流速分布(3580m³/s)

图 4-6 长隔流墙方案引水渠内流速分布

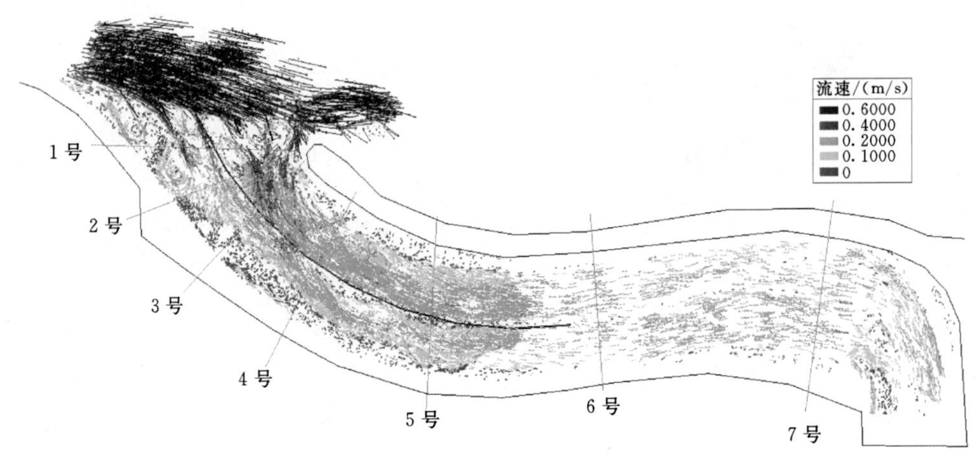

(a) 短隔流墙方案引水渠内流速分布(720m³/s)

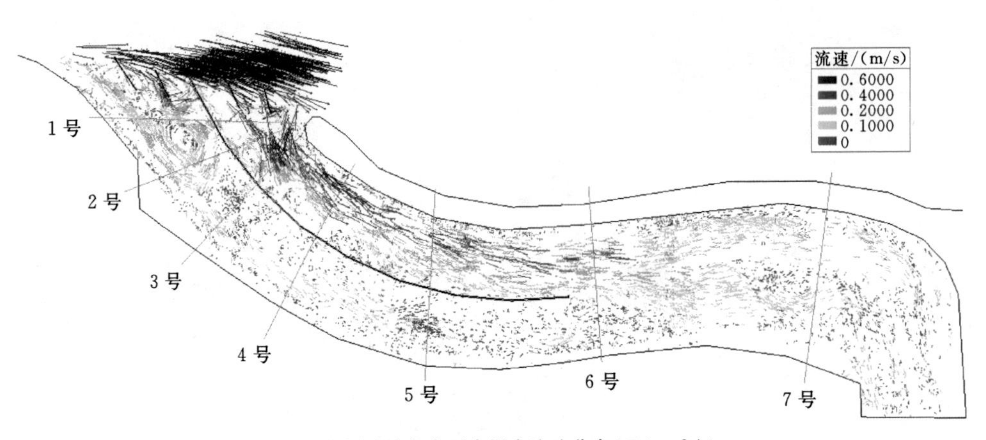

(b)短隔流墙方案引水渠内流速分布(2180m³/s)

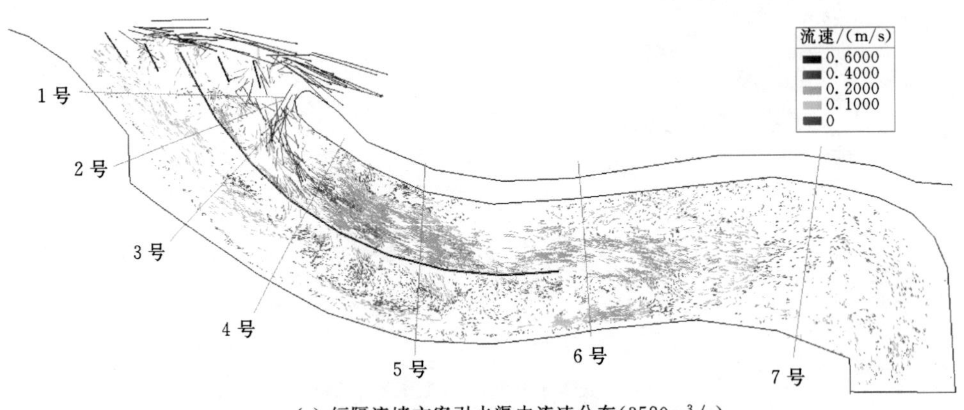

(c) 短隔流墙方案引水渠内流速分布(3580m³/s)

图4-7(一) 短隔流墙方案引水渠内流速分布

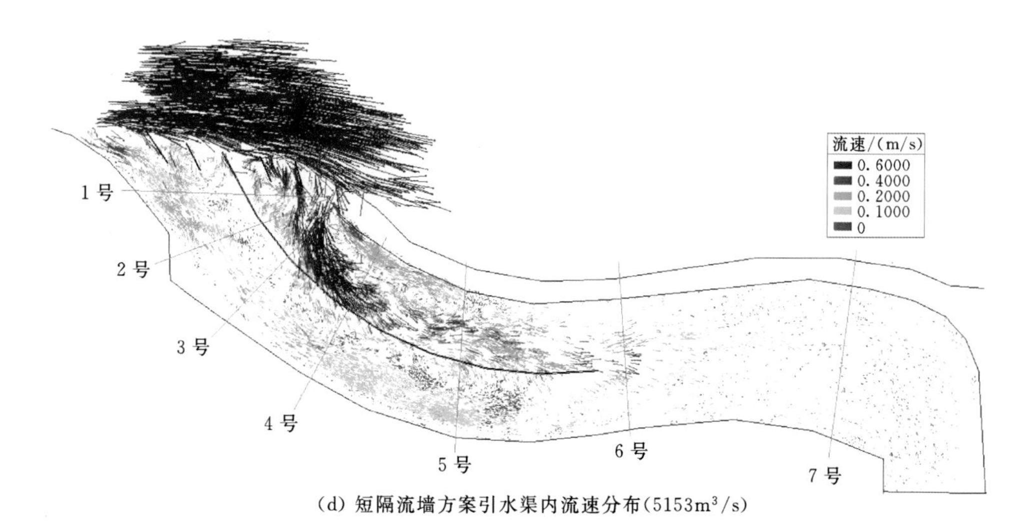

(d) 短隔流墙方案引水渠内流速分布($5153m^3/s$)

图 4-7(二) 短隔流墙方案引水渠内流速分布

表 4-7　　引水渠典型断面主流区表面流速流态 (1/2)

流量/(m^3/s)		断面	左槽		右槽	
			主流区流速/(m/s)	宽度/m	主流区流速/(m/s)	宽度/m
长隔流墙方案	720	2号	0.14~0.98	56	0.12~0.47	30
		3号	0.12~0.89	60	0.12~0.40	56
		4号	0.11~0.40	55	0.14~0.30	47
		5号	0.11~0.29	52	0.11~0.37	62
		6号	0.14~0.36	42	0.13~0.33	55
		7号	0.16~0.21	72	0.13~0.26	57
	2180	2号	0.28~1.08	24	0.15~0.47	28
		3号	0.13~0.89	39	0.13~0.63	19
		4号	0.15~0.56	53	0.14~0.32	52
		5号	0.13~0.37	59	0.14~0.32	54
		6号	0.14~0.30	59	0.10~0.26	56
		7号	0.10~0.20	70	0.10	34
	3580	2号	0.24~1.11	19	0.12~0.47	30
		3号	0.30~1.03	30	缓流区	—
		4号	0.17~0.75	40	缓流区	—
		5号	0.24~0.57	47	缓流区	—
		6号	0.13~0.40	61	回流区	—
		7号	0.16~0.21	25	回流区	—

续表

流量/(m³/s)		断面	左槽		右槽	
			主流区流速/(m/s)	宽度/m	主流区流速/(m/s)	宽度/m
长隔流墙方案	5153	2号	0.14～0.98	48	回流区	—
		3号	0.12～0.89	52	回流区	—
		4号	0.11～0.40	56	回流区	—
		5号	0.11～0.29	53	回流区	—
		6号	0.23～0.46	50	0.12～0.46	35
		7号	缓流区	—	缓流区	—
短隔流墙方案	720	2号	0.14～0.98	56	0.12～0.47	30
		3号	0.12～0.89	60	0.12～0.40	56
		4号	0.11～0.40	55	0.14～0.30	47
		5号	0.11～0.29	52	0.11～0.37	62
		6号	0.14～0.36	42	0.13～0.33	55
		7号	0.16～0.21	72	0.13～0.26	57
	2180	2号	0.28～1.08	24	0.12～0.26	12
		3号	0.13～0.89	39	0.12～0.16	22
		4号	0.15～0.56	53	0.11～0.14	24
		5号	0.13～0.37	59	0.10～0.13	18
		6号	0.14～0.30	59	回流区	—
		7号	0.10～0.20	70	0.10～0.14	23
	3580	2号	0.24～1.20	19	回流区	—
		3号	0.16～1.10	56	回流区	—
		4号	0.18～0.51	40	缓流区	—
		5号	0.13～0.39	47	回流区	—
		6号	0.13～0.33	61	回流区	—
		7号	缓流区	—	缓流区	—
	5153	2号	0.14～0.98	48	回流	—
		3号	0.12～0.89	52	回流	—
		4号	0.11～0.40	56	回流	—
		5号	0.11～0.29	53	回流	—
		6号	0.23～0.46	50	0.12～0.46	35
		7号	缓流区	—	缓流区	—

注 表中左右槽按渠道中心线划分，不论有无隔流墙。主流区是指顺引流方向流速较大成片的区域，流速小于0.1m/s区域定义为缓流区；以回流为主且回流流速大于0.1m/s回流区域定义为回流区。

4.4 动床模型淤积试验

4.4.1 试验条件

动床模型淤积试验主要为典型年试验，典型年水沙条件考虑前阶段模型试验选取的年份，试验的典型年有 1966 年（丰水丰沙年）、1996 年（中水少沙年）和 1977 年（少水少沙年），其特征值见表 4-8。

表 4-8　石鼓站典型年水沙特征值统计表

典型年	年份	悬移值		径流	
		年输沙量/万 t	较多年平均增加	年径流量/万 t	较多年平均增加
25%	1966	3253	24.2%	475	12%
50%	1996	2193	−16.3%	424	0%
75%	1977	1435	−45.2%	373	−12%

前阶段试验中，引水渠流量采用工程调度方案，金沙江发生洪峰流量含沙量较大时，引水渠流量较小，引水流量仅为 72～85m^3/s。本次试验在金沙江洪峰时仍采用设计流量 135m^3/s 引水。同时该次试验仅采用最不利的 1966 年（丰水丰沙年）进行。

该次动床模型试验仍以悬移质淤积为主，并在典型流量下观测进入引水渠以及泵站的泥沙粒径和含沙量，检测是否满足设计要求。

根据设计单位提供的典型年各月上旬、中旬、下旬平均流量和金沙江石鼓水文站典型年逐日平均流量、含沙量，对 1966 年来水来沙量进行概化，采用概化流量和输沙量进行模型试验控制。由于石鼓水文站年末 12 月至次年 4 月流量和含沙量均较小，上游来水接近清水，而 11 月引水渠基本不输水，因此主要采用典型年金沙江 5—10 月的流量和输沙量过程进行控制。

进口断面悬移质泥沙控制级配采用石鼓站年平均值，见表 4-9。典型年特征值见表 4-10。

表 4-9　石鼓站悬移质泥沙级配表

平均小于某粒径的沙重百分数/%										中数粒径/mm
0.002mm	0.004mm	0.008mm	0.016mm	0.031mm	0.062mm	0.125mm	0.25mm	0.50mm	1mm	0.0153
2.96	28.7	40	51.1	61.3	72	83.7	95.8	99.98	100	

表 4-10　1966 年模型试验控制条件

编号	历时/天	平均输沙率/(kg/s)	平均流量/(m^3/s)	水位/m	引水渠设计流量/(m^3/s)	模型引水渠实际流量/(m^3/s)
1	38	72	720	1816.55	135	135
2	13	476	1520	1817.75	132	135

续表

编号	历时 /天	平均输沙率 /(kg/s)	平均流量 /(m^3/s)	水位 /m	引水渠设计流量 /(m^3/s)	模型引水渠实际流量 /(m^3/s)
3	15	172	1404	1817.61	130	135
4	12	1576	2542	1818.78	127	135
5	15	576	2180	1818.42	122	135
6	11	2958	3580	1819.62	121	135
7	11	1178	2895	1819.08	123	135
8	6	13121	4743	1820.86	85	135
9	6	14912	6573	1823.49	75	135
10	12	6230	5153	1821.38	72	135
11	18	1725	3146	1819.33	80	135
12	9	839	2800	1819.10	105	135
13	19	254	1594	1817.99	110	135

4.4.2 试验成果分析

1. 金沙江段的冲淤变化

根据1966年典型试验年的地形冲淤监测分析，天然状况下，金沙江石鼓河段年内冲淤呈现汛期淤积，汛后冲刷特点。汛期淤积主要发生在洪水上涨淹没江心滩后的洪水过程。随着流量增加，主流左移扩散，流速减缓，泥沙大量落淤边滩和深槽。汛末及退水时水流归槽，河床冲刷，年内主河槽冲淤基本平衡，两岸边滩则略有少量的淤积。

工程河段汛期淤积较大的部位依次是引水口对岸的心滩和边滩下段、工程所在的高滩、石鼓镇对岸的高滩。工程上游较窄的河段淤积较小。引水工程口门附近河道的淤积不大，淤积部位见图4-8。

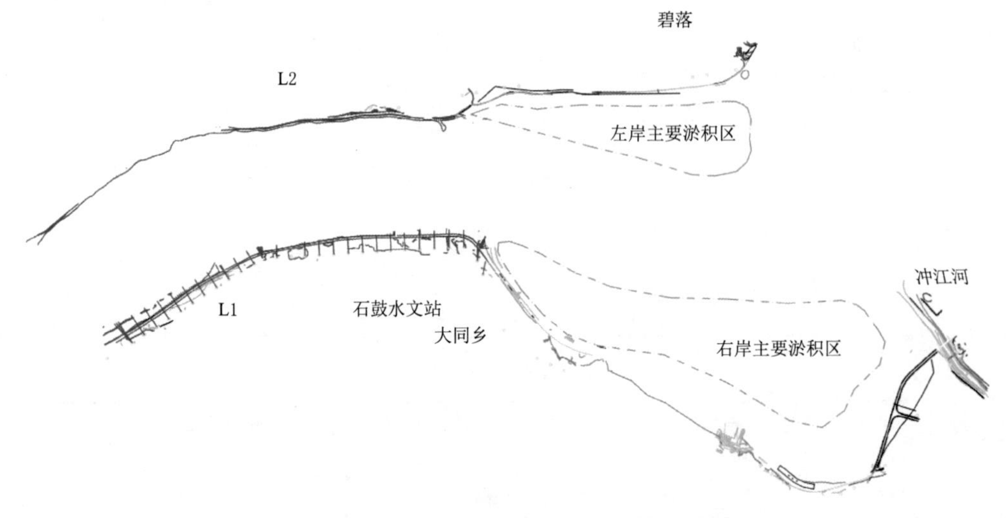

图4-8 工程附近金沙江河道淤积部位示意图

引水工程实施后金沙江石鼓河段冲淤变化部位与工程前基本相似，发生较大洪水时，边滩及深槽淤积，汛后水流归槽河槽冲刷，河床冲淤基本平衡。工程区域以及对岸滩面年末略有淤积，工程区淤积较少。

2. 引水渠冲淤

根据典型年淤积试验年末地形观测，引水渠淤积较大部位主要位于进口弯道段。其中，拦沙坎顶部以及迎水面淤积小于1m，拦沙坎后侧的引水渠进口弯道淤积相对较大，最大淤积厚度可达4.5m，位于渠道进口左侧局部区域。

模型共布置了8个断面观测引水渠冲淤。进流段（2～4号断面）淤积厚度较大，4号断面以下淤积较少，泵站进口前8号断面仍有淤积，平均淤积厚度见表4-11。断面淤积分布见图4-9。

表4-11　引水渠监测断面典型年年末平均淤积厚度

典型年	淤积量/万 m^3	断面平均淤积厚度/m								
		进口沙坎顶部	2号		4号		6号		8号	
			右槽	左槽	右槽	左槽	右槽	左槽	右槽	左槽
长隔流墙方案	35.2	0.80	2.45	2.88	2.70	2.64	1.73	1.44	0.70	0.58
短隔流墙方案	28.9	0.85	2.38	2.99	2.03	2.28	1.52	1.33	0.73	0.52

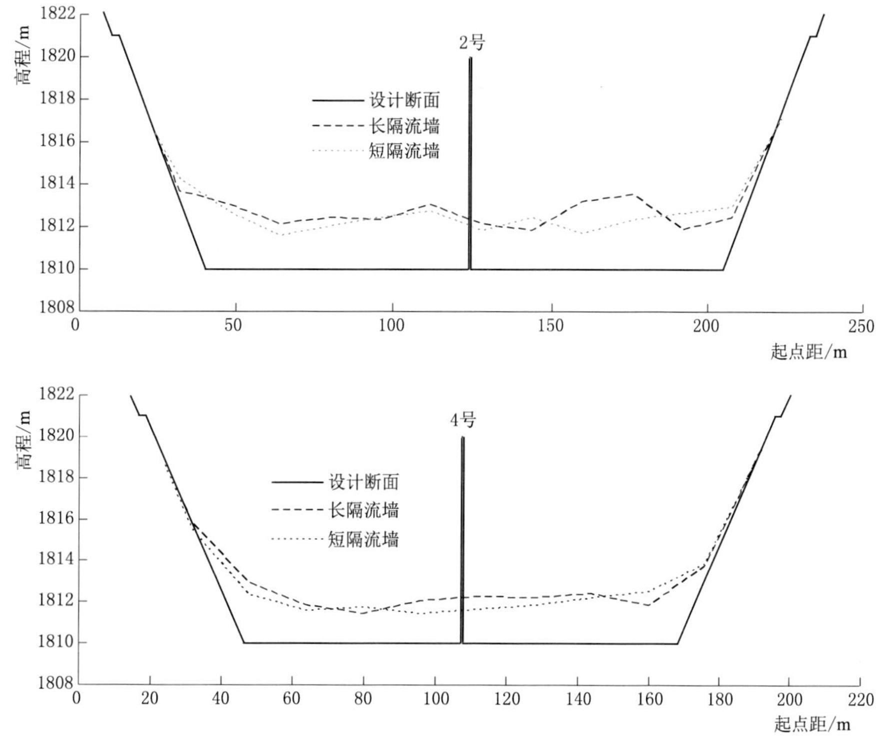

图4-9（一）　典型年年末各检测断面淤积地形

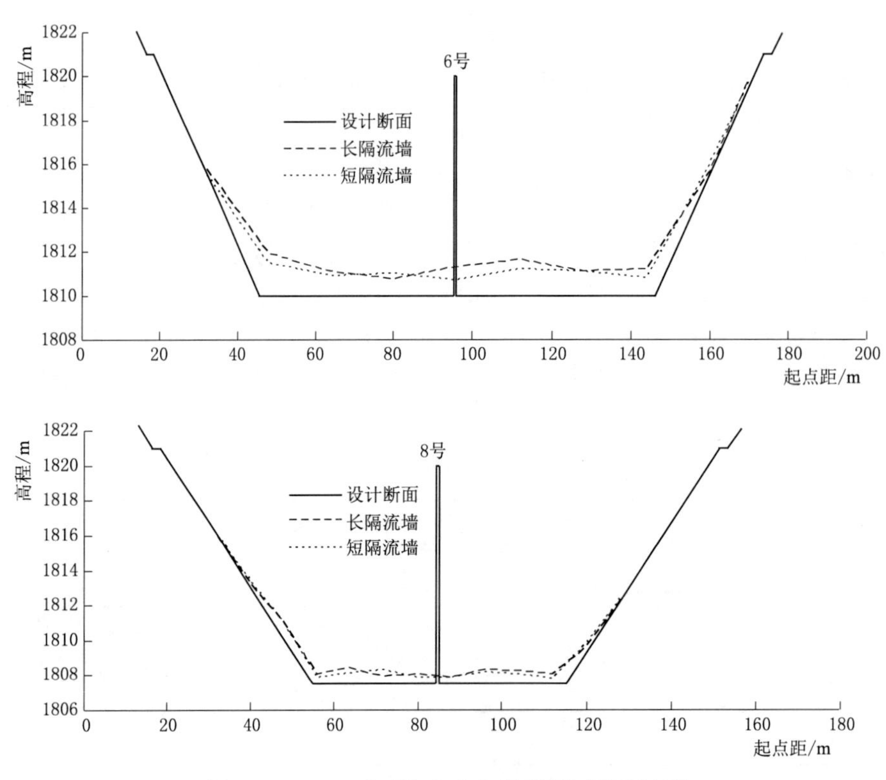

图4-9（二） 典型年年末各检测断面淤积地形

由表4-11可见，引水渠左槽上段（2～4号断面）淤积大于右槽，中部6号断面右槽略大于左槽，引水渠尾部两槽的淤积相差不大。淤积最大部位位于左槽进流段，即2号断面左侧附近水域。

两方案比较，长隔流墙方案淤积总量略大于短隔流墙方案。根据1966年典型年比较：长隔流墙方案运行后，1966年年末渠道内共计淤积35.2万m^3，平均淤厚1.92m；短隔流墙方案运行后，1966年年末渠道内共计淤积28.9万m^3，平均淤厚1.85m。

3. 引水渠内泥沙粒径级配

该次动床模型试验对水流携带的泥沙粒径及级配进行了重点观测，大水大沙年（1966年）汛期流量和含沙量较大，泥沙粒径较粗，由于主流位于河道左岸，偏离取水口，模型观测上在引水渠进口进行观测。泥沙粒径观测成果详见表4-12、表4-13、图4-10。

表4-12　　长隔流墙方案工况下1966年典型年进入泵站泥沙粒径

流量/(m^3/s)	含沙量		小于某粒径沙所占比重					
			引水渠进口			长隔流墙方案		
	进口	泵站	0.01mm	0.05mm	d_{50}	0.01mm	0.05mm	d_{50}
720	0.10	0.09	44.23%	93.60%	0.011	64.18%	98.10%	0.0071
2180	0.26	0.19	47.16%	90.48%	0.011	67.75%	99.55%	0.0066
3580	0.83	0.60	43.86%	89.79%	0.012	61.23%	98.62%	0.0075
5153	1.25	0.75	30.81%	79.67%	0.0197	55.98%	97.62%	0.0086

表 4-13　　短隔流墙方案工况下 1966 年典型年进入泵站泥沙粒径

流量/(m^3/s)	含沙量		小于某粒径沙所占比重					
			引水渠进口			短隔流墙方案		
	进口	泵站	0.01mm	0.05mm	d_{50}	0.01mm	0.05mm	d_{50}
720	0.10	0.09	44.23%	93.60%	0.011	62.94%	97.25%	0.0074
2180	0.26	0.22	47.16%	90.48%	0.011	61.78%	98.01%	0.0076
3580	0.83	0.58	43.86%	89.79%	0.012	56.13%	99.30%	0.0085
5153	1.25	0.75	30.81%	79.67%	0.0197	53.35%	96.94%	0.0092

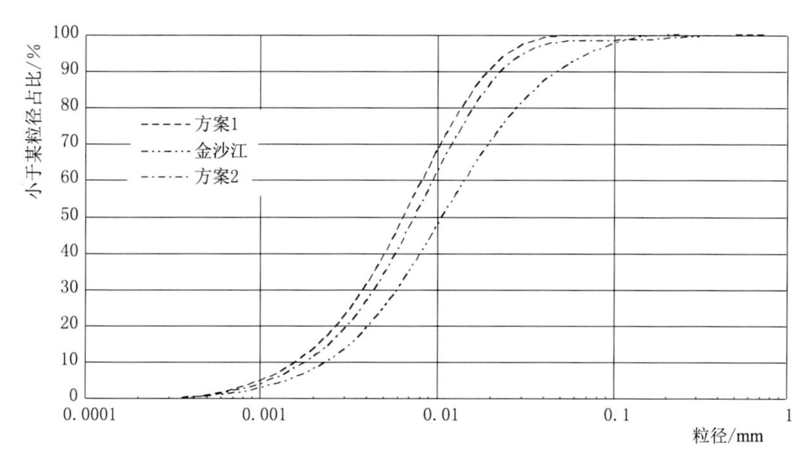

图 4-10　2180m^3/s 平滩流量下引水渠进出口泥沙级配曲线

从表 4-13 和图 4-10 试验成果可知，引水渠口门附近的金沙江粒径较粗，中值粒径在 0.01～0.02mm 之间，0.05mm 以下的泥沙颗粒含量在 79.67%～93.6%之间，经过引水渠淤积，进入泵站的泥沙粒径较细，两个方案颗粒级配均完全满足设计要求（小于 0.05mm 的泥沙沙重大于 95%）。从各个流量对比分析，长隔流墙方案在 2180m^3/s 平滩以下流量下，进入泵站的泥沙粒径较短隔流墙方案偏细。在洪水流量下由于渠道内水流流态复杂，没有明显的趋势性。

4. 引水渠内含沙量变化

水流进入引水渠后，渠内的流速较金沙江干流大幅减缓，水流经过短的过渡段后，紊流现象消失，泥沙在进流段开始沿程淤积，水流含沙量沿程减小。

根据典型年观测试验成果，各级试验流量下，引水渠进口含沙量在 0.10～1.25kg/m^3 间，与模型控制进入金沙江的含沙量相近，进入泵站的含沙量一般在 0.09～0.75kg/m^3 间。长隔流墙方案和短隔流墙方案进入泵站的含沙量差别不大。

4.5　小结与分析

采用实体河工模型试验，进行定床模型和动床模型试验，以优化工程方案，其主要结论如下：

（1）引水工程口门位于弯曲河道凸岸下过渡段上端，河道主流一般位于引水口门对岸，引水渠进口渠道走向与金沙江主河槽走向交角较大，洪水流量最大时可达120°。金沙江河势特点造成了引水渠进口出现较大的回流区，引水渠内需经过一个过渡段才能使渠道内水流充分扩展，进入流向平顺、淤积效果较好的区间。

（2）引水渠进口段主流区流速一般随着流量增加而增大，进口附近主流及回流的流速均相对较大，向下流速沿程逐渐减小。

（3）引水渠淤积主要发生在汛期，主要淤积区域位于渠道上段。渠底大多呈平淤态势，边坡淤积小于渠底，典型年后渠道仍基本保持梯形特征。

（4）长隔流墙方案淤积总量略大于短隔流墙方案。根据1966典型年比较，长隔流墙方案运行后，1966年年末渠道内共计淤积35.2万m^3，平均淤厚1.92m，长隔流墙方案运行后，1966年年末渠道内共计淤积28.9万m^3，平均淤厚1.85m。

（5）根据典型年各级流量下泥沙粒径观测，两方案进入水泵的泥沙粒径均满足设计要求，即粗颗粒泥沙（粒径大于0.05mm）沙重小于总重的5%。

第5章

渝西水资源配置引水工程模型试验

5.1 工程背景

渝西地处长江干流、嘉陵江和沱江三大水系的分水岭地带，长江、嘉陵江过境水资源丰沛，但区内河流源短流小、自产水资源量少、径流年际年内分布极不均匀，水资源禀赋条件先天不足。近年来，随着城市化进程的加快，渝西地区城镇与农村争水、生产生活用水挤占生态环境用水较为普遍，致使农业实灌面积减小、灌溉保证率偏低，河流生态流量下泄不足，区内部分河流水质为Ⅳ类、Ⅴ类，水生态环境污染问题日益突出。为解决渝西水资源供需矛盾、提高供水安全保障、实现区域经济社会可持续发展，利用渝西过境水资源丰富的优势，实施渝西水资源配置工程，新建长江、嘉陵江骨干提水工程，通过输水管线与区内水库连通调蓄，形成“南北连通互济，江库丰枯互补”的水资源配置体系是解决渝西地区工程性缺水问题的关键工程，是统筹城乡发展先行区以及新增产业和人口重要集聚区的基础工程，是惠及广大城乡群众的重大民生工程。工程的建设意义重大、影响深远，十分紧迫。

金刚沱泵站是渝西水资源配置工程的7座水源泵站之一，泵站厂房位于长江重庆江津油溪镇瓦厂村西南侧300m处，离右侧老成渝铁路直线距离约450m。泵站由引水建筑物（取水头部、引水管、引水管出口检修塔）、泵房前池、地面泵站厂房、出水隧洞、出水塔及管理楼、变配电间等组成。取水头部伸入长江主流，离左岸边约400m，取水管线距长江金刚村江段航道部门设置的丁坝上游约300m（图5-1）。

工程区地处四川盆地东南部、川东褶皱带南延部分之低山——丘陵区。区内地层岩性、地貌受地质构造控制，山脉走向与构造线基本一致。背斜呈长条状低山，向斜呈丘陵，呈沿北北东向展布。区内地形高程一般180～350m，长江谷最低，相对高差约170m。长江自南西流向北东，在低山背斜区形成狭窄槽谷，在向斜区则河谷宽阔，侵蚀堆积地貌发育，工程河段两岸地势较平缓，有阶地、漫滩。阶地高程一般210～220m，高出江面15～35m。河漫滩高程一般183～189m，高出江面3～9m。

工程所在的金刚沱河段位于长江上游重庆市江津区油溪镇上游约5km，河段全长约8km，呈弯曲单一型河道，河道两岸分布有碛坝边滩。河道呈西北走向，主流在进口萝卜寺处从左岸逐渐过渡到右岸下行进入金刚沱弯道，过黄角村弯道顶部后主流逐渐摆向左岸下行，过燕坝村后主流又逐渐摆回右岸出弯道进入下游河段。该河段沿程河宽相对较均

图 5-1 金刚沱泵站工程位置示意图

匀，洪水期水面宽 900～1100m，枯水期水面宽 400～600m，河床冲淤特点为汛期淤积，汛后冲刷，年际间冲淤基本平衡，近年来受上游建库拦沙的影响，河床略有冲刷。河段两岸为低山丘陵地区，岸线较稳定，基本处于天然状态，左岸紧邻江岸有成渝铁路，铁路高程约为 210m。河床组成以砂卵石为主，抗水流冲刷性较强。

5.2 实体模型设计及方案

5.2.1 工程方案

金刚沱泵站由引水建筑物（取水头部、引水管、引水管出口检修塔）、泵房前池、地面泵站厂房、出水隧洞、出水塔及管理楼、变配电间等组成。

取水头部平剖面为菱形，为整体箱式结构，取水头部长 27.3m、宽 6.6m。

泵站布置两条引水管，引水管材质为金属钢管，钢管直径 3.2m、壁厚 20mm，长约 1003m，分为两段，其中江中水下埋管段长 420m，岸边顶管段长 583m。

金刚沱泵站布置 1 条出水隧洞，隧洞内径 4m，长度约 1500m。隧洞出水塔为岸塔式结构，平面尺寸 11m×8.5m。

引水管出水检修塔平面尺寸为 15.5m×30m，顺水流向依次布置管道检修孔和检修闸门槽。管道检修孔平面尺寸为 7m×8m，检修闸门孔口尺寸为 5.0m×5.0m。

引水管出水检修塔下游为泵站前池，前池顺水流向长 10m、宽 124.5m。

检修塔塔顶布置交通桥，桥宽5m，连接出水检修塔和主泵房地面层。

泵站厂房由三个子泵房构成，单个泵房圆筒内径35m，筒壁厚3m。

5.2.2 模型设计

5.2.2.1 模拟范围

模型为变态，平面比尺1∶200，垂直比尺1∶100，模型变率为2.0。模型比尺按水流运动相似和泥沙运动相似等模型相似律确定。模拟河道长约10.0km（长江金刚沱横山村至燕坝村，即取水口上游约4.7km至取水口下游约5.3km）。模型布置见图5-2。

5.2.2.2 模型选沙

根据以往长江上游河段泥沙模型设计经验和该河段泥沙冲淤特点，模型沙选用株洲精煤，其容重为1.33t/m^3，干容重0.75t/m^3。

根据2017年长江朱沱站悬移质级配资料分析，朱沱站年平均悬移质最大粒径为0.678mm，中值粒径0.012mm，平均粒径0.028mm。模型按朱沱站年平均悬移质级配进行模型悬沙的设计和选配，悬移质级配见表5-1和图5-3。

表5-1 模型进口悬移质颗粒级配表

小于某粒径沙重百分数/%	8.7	18.9	37.7	60.0	78.1	89.9	95.5	98.7	99.9	100	中值粒径/mm
原型悬沙粒径/mm	0.002	0.004	0.008	0.016	0.031	0.062	0.125	0.250	0.500	1.00	0.012
模型沙设计粒径/mm	0.002	0.004	0.008	0.016	0.031	0.062	0.125	0.250	0.500	1.00	0.012
模型沙实际用粒径/mm	0.003	0.005	0.009	0.017	0.033	0.066	0.126	0.290	0.520	1.00	0.013

长江水利委员会（简称“长江委”）上游水文水资源局2019年1月对引水工程河段床沙进行了取样分析，结果表明，该河段床沙最大粒径为245.2mm，中值粒径153.4mm，平均粒径139.7mm，床沙级配见表5-2；模型床沙按此级配进行设计和选配，其结果见表5-2和图5-4。模型各项比尺见表5-3。

表5-2 模型床沙级配表

小于某粒径沙重百分数/%	0.1	0.3	1.7	9.2	30.9	100	中值粒径/mm
原型床沙粒径/mm	8.00	16.0	32.0	64.0	128	250	153.4
模型沙设计粒径/mm	0.76	1.52	3.05	6.10	12.19	23.81	14.6
模型沙实际用粒径/mm	0.81	1.58	3.34	5.92	12.01	23.12	14.12

5.2.2.3 模型制作

模型河道地形采用2016年9月长江委上游水文水资源局实测的1∶5000河道地形图，岸上地形模拟至200～205m高程。模型制作采用断面法，在10km河段内共布置100个横断面，模型断面平均间距约为0.5m。对局部微地形采用散点法控制制作，使其尽可能与天然相似。根据设计单位提供的引水建筑物设计图纸对取水头部建筑物，引水管等进行制作安装。模型制作完成后进行竣工验收。结果表明，模型横断面模板安装平面误差小于±5.0mm，高程误差小于±1.0mm；引水建筑物安装误差小于±0.5mm，符合《河工模型试验规程》（SL 99—2012）精度要求。

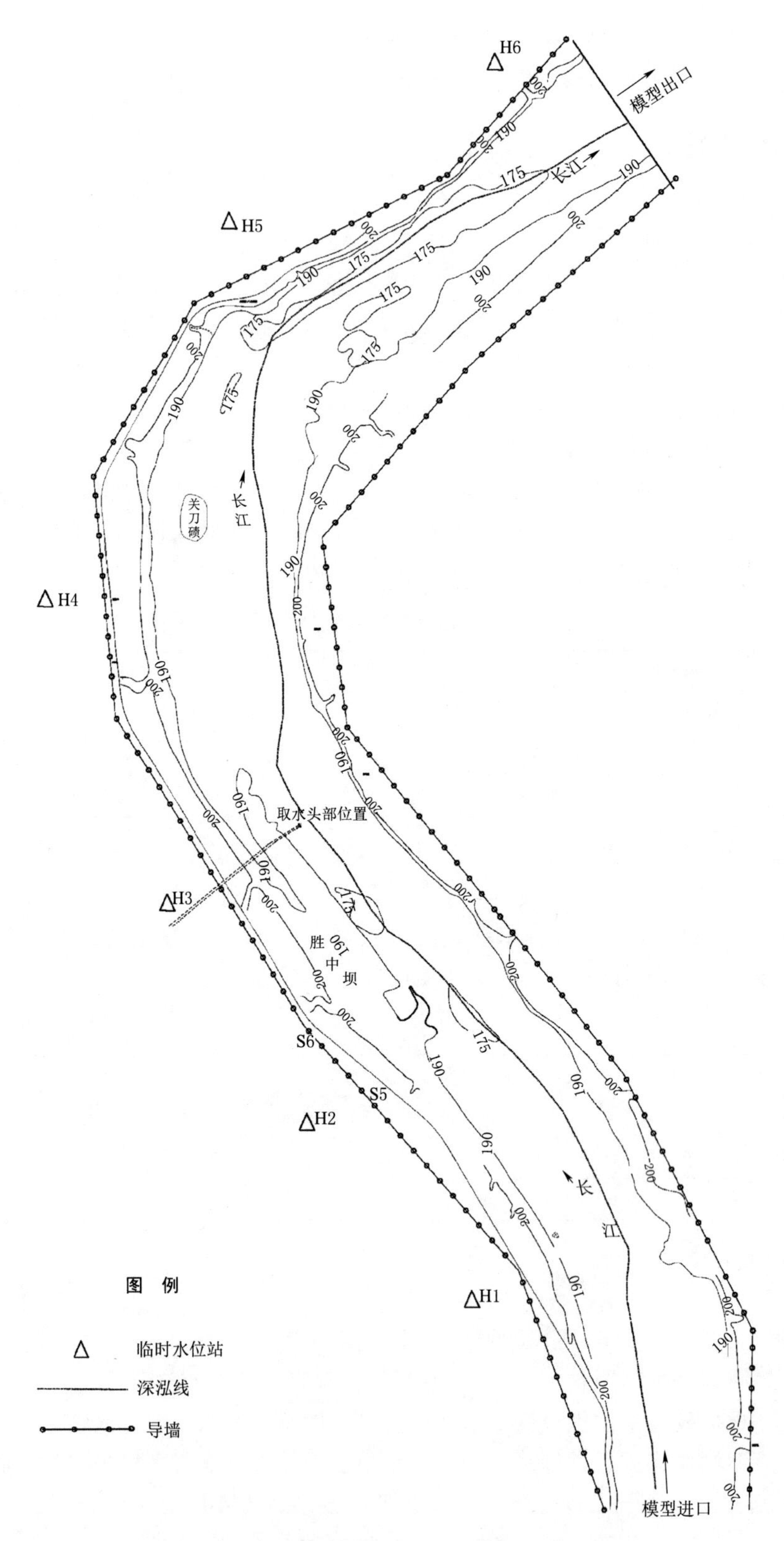

图5-2 金刚沱河段模型平面布置图（单位：m）

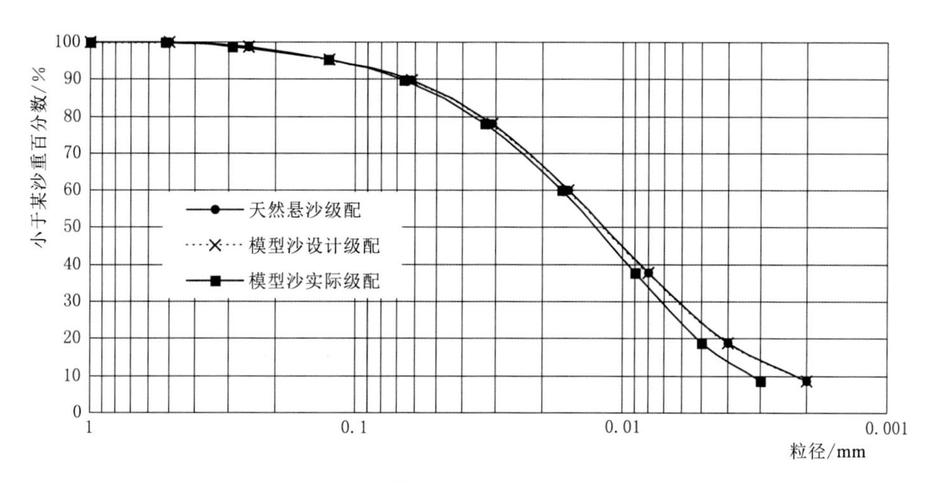

图 5-3　模型悬移质设计级配曲线

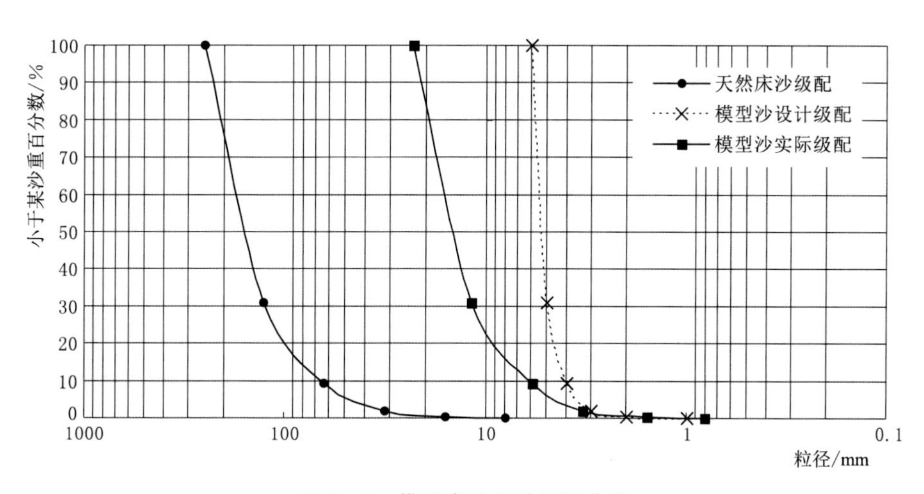

图 5-4　模型床沙设计级配曲线

表 5-3　模型各项比尺表

相似条件	名称	采用比尺值
几何相似	平面比尺	200
	垂直比尺	100
水流运动相似	流速比尺	10
	糙率比尺	1.17
	流量比尺	200000
悬移质运动相似	沉速比尺	5
	起动流速比尺	10
	含沙量比尺	0.4
	粒径比尺	1.0
	冲淤时间比尺	220

续表

相似条件	名称	采用比尺值
床沙运动相似	起动流速比尺	10
	粒径比尺	10.5
	单宽输沙率比尺	360
	冲淤时间比尺	120

5.2.2.4 模型验证

1. 水面线验证

模型水流验证试验地形为2016年9月该河段实测地形，工程河段沿程共布置6个水位站（H1～H6，其中H6为模型出口控制站），见图5-2。根据河段实测水位、流量资料分别进行了5200m³/s、8410m³/s、52600m³/s三级流量的水面线验证。其中流量5200m³/s各站水位值为2019年1月河段实测水位值，其他两级流量的各站水位值根据该河段实测水位比降推算而得。模型河床上用直径约为2cm的砾石进行梅花形加糙，间距10～20cm，通过调整砾石疏密来满足各级流量水面线的相似要求。模型水面线验证结果见表5-4，可以看出各级流量下模型水位与原型水位基本一致，水位偏差小于±0.05m（即模型偏差±0.5mm），符合《河工模型试验规程》（SL 99—2012）要求，说明模型综合阻力与原型基本相似。

表5-4　模型水面线验证表　单位：m（85基准）

水位站	Q=5200m³/s			Q=8410m³/s			Q=52600m³/s		
	原型	模型	偏差	原型	模型	偏差	原型	模型	偏差
H1	188.08	188.12	0.04	190.19	190.15	−0.04	207.29	207.24	−0.05
H2	187.35	187.32	−0.03	189.85	189.90	0.05	207.03	207.00	−0.03
H3（取水断面）	187.27	187.30	0.03	189.51	189.49	−0.02	206.77	206.79	0.02
H4	186.36	186.34	−0.02	189.19	189.22	0.0.3	206.52	206.55	0.03
H5	186.30	186.31	0.01	188.80	188.81	0.01	206.22	206.24	0.02
H6（模型出口）	185.69	185.69	0.00	188.32	188.32	0.00	205.85	205.24	0.00

2. 断面流速分布验证

根据长江委上游水文水资源局对该河段2019年1月流量为5200m³/s时实测断面流速分布资料，在模型上进行了断面垂线表面流速分布的验证，验证断面共5个，分别为H1、H2、H3、H4、H5，断面位置见图5-2。验证结果表明（表5-5），模型各断面主流位置，垂线表面流速大小及横向分布与原型基本一致，断面最大垂线表面流速偏差小于5%，一般垂线表面流速偏差小于8%，绝大多数测点均在《河工模型试验规程》（SL 99—2012）允许的误差范围内，说明模型水流运动沿程变化与原型基本相似。

通过对模型水面线和流速分布的验证，结果表明模型与原型的水流运动相似性较好。

表 5-5　　模型断面垂线表面流速验证表

断面	起点距/m	原型	模型	偏差	断面	起点距/m	原型	模型	偏差
H1	486	1.19	1.13	−0.06	H2	738	0.93	0.97	0.04
	547	1.79	1.84	0.05		809	1.36	1.43	0.07
	604	2.26	2.19	−0.07		887	3.34	3.45	0.11
	666	2.71	2.6	−0.11		964	0.95	0.87	−0.08
	727	2.76	2.84	0.08		1032	0.53	0.57	0.04
	802.9	0.46	0.5	0.04		1100	0.12	0.1	−0.02
	860	0.43	0.48	0.05		1155	0.14	0.16	0.02
	925	0.14	0.12	−0.02		1194	0.02	0.01	−0.01
H3	455	0.07	0.09	0.02	H4	555	0.2	0.23	0.03
	554	0.11	0.14	0.03		654	0.3	0.26	−0.04
	667	1.08	0.99	−0.09		755	2.1	2.18	0.08
	775	1.94	1.84	−0.1		846	0.9	0.83	−0.07
	864	1.88	1.96	0.08		926	1.5	1.61	0.11
	952	1.68	1.61	−0.07		1015	2.8	2.74	−0.06
	1026	0.88	0.94	0.06		1084	3.1	3.23	0.13
	1090	0.56	0.52	−0.04		1149	1.4	1.49	0.09
H5	294	0.97	1.03	0.06	H5	549	2.21	2.31	0.1
	344	1.43	1.48	0.05		570	2.18	2.09	−0.09
	386	1.57	1.5	−0.07		816	2.02	2.12	0.1
	427	2.37	2.25	−0.12		899	0.98	0.92	−0.06
	470	2.54	2.63	0.09		1001	0.18	0.14	−0.04

3. 浑水验证试验

模型浑水验证试验初始地形为2011年10月实测地形，施放2011年10月至2016年9月水沙过程，复演2016年9月实测地形。根据对金刚沱河段河道横断面资料分析及现场调查情况，在2011年10月至2016年9月间该河段两岸滩地进行了较大规模的挖砂，为避免人为因素的干扰，模型动床冲淤验证试验动床段范围，选在取水工程上游的非挖砂段，上起工程上游4.5km（S3），下至工程上游1.0km（S10），全长约4.5km河段（图5-2）。

模型进口加沙悬移质颗粒级配按朱沱站2017年平均悬移质颗粒级配资料进行设计和配沙，动床段初始地形按2019年1月实测床沙级配进行设计及铺沙塑造动床地形。

模型进口水沙条件按朱沱站2011年10月至2016年9月逐日平均流量、含沙量资料概化后施放，模型出门水位由该处的水位流量关系确定相应流量下的控制水位。模型冲淤验证试验放水要素见表5-6。

表 5-6 模型冲淤验证试验放水要素表

年份	序号	起止时间	天数 /d	流量 /(m^3/s)	悬移质含沙量 /(kg/m^3)	模型出口控制水位 /m
2011	1	10月1—26日	26	6999	0.190	187.12
	2	10月27日至11月16日	21	5240	0.091	185.83
	3	11月17日至12月31日	45	3652	0.071	184.62
2012	1	1月1日至5月12日	133	3254	0.060	184.32
	2	5月13日至6月22日	41	7464	0.204	187.42
	3	6月23—30日	8	12363	1.116	190.33
	4	7月1—7日	7	24071	1.517	195.82
	5	7月8—17日	10	20680	0.824	194.39
	6	7月18—22日	5	30320	1.197	198.26
	7	7月23—25日	3	45567	1.890	203.27
	8	7月26日至8月2日	8	28100	0.889	197.43
	9	8月3—10日	8	20163	0.833	194.15
	10	8月11日至9月1日	22	14927	0.598	191.65
	11	9月2—6日	5	20940	2.074	194.50
	12	9月7日至10月11日	35	16191	0.560	192.26
	13	10月12—24日	13	11044	0.145	189.65
	14	10月25日至11月15日	22	7535	0.043	187.47
	15	11月16日至12月31日	46	3981	0.023	184.87
2013	1	1月1日至5月28日	148	3467	0.022	184.48
	2	5月29日至6月9日	12	6030	0.143	186.44
	3	6月10—12日	3	11770	0.700	190.02
	4	6月13—21日	9	7099	0.098	187.18
	5	6月22—24日	3	12300	0.518	190.29
	6	6月25日至7月1日	7	7701	0.156	187.57
	7	7月2—10日	9	13456	0.532	190.89
	8	7月11—13日	3	24467	3.633	195.98
	9	7月14—18日	5	17400	1.458	192.84
	10	7月19—21日	3	21533	0.721	194.75
	11	7月22日至8月4日	14	18371	0.198	193.30
	12	8月5—19日	15	15040	0.179	191.70
	13	8月20日至9月11日	23	11861	0.195	190.07
	14	9月12—22日	11	15436	0.082	191.90
	15	9月23日至10月2日	10	11340	0.049	189.80
	16	10月3—28日	26	8265	0.027	187.94
	17	10月29日至12月31日	64	4416	0.018	185.21

续表

年份	序号	起止时间	天数/d	流量/(m³/s)	悬移质含沙量/(kg/m³)	模型出口控制水位/m
2014	1	1月1日至3月30日	89	3416	0.015	184.44
	2	3月31日至6月2日	64	4707	0.037	185.43
	3	6月3—29日	27	7792	0.154	187.63
	4	6月30日至7月4日	5	13280	0.241	190.80
	5	7月5—22日	18	18067	0.282	193.15
	6	7月23日至8月1日	10	13050	0.059	190.68
	7	8月2—17日	16	16925	0.354	192.61
	8	8月18—22日	5	23260	0.274	195.48
	9	8月23—27日	5	18980	0.082	193.59
	10	8月28日至9月3日	7	22771	0.113	195.27
	11	9月4—18日	15	16433	0.103	192.38
	12	9月19—21日	3	23433	0.350	195.55
	13	9月22日至10月8日	17	14812	0.044	191.59
	14	10月9日至11月4日	27	9053	0.025	188.45
	15	11月5日至12月31日	57	4560	0.016	185.32
2015	1	1月1日至6月4日	155	4376	0.028	185.17
	2	6月5—30日	26	7416	0.072	187.39
	3	7月1—9日	9	12300	0.125	190.29
	4	7月10—13日	4	9188	0.062	188.53
	5	7月14—25日	12	12517	0.179	190.41
	6	7月26日至8月4日	10	8554	0.030	188.12
	7	8月5—17日	13	12054	0.113	190.17
	8	8月18—21日	4	16875	0.779	192.59
	9	8月22日至9月1日	11	12945	0.112	190.63
	10	9月2—5日	4	16900	0.085	192.60
	11	9月6—13日	8	20675	0.180	194.39
	12	9月14日至10月3日	20	15940	0.064	192.14
	13	10月4—23日	20	11159	0.060	189.71
	14	10月24日至11月7日	15	7859	0.019	187.68
	15	11月8日至12月31日	54	4620	0.010	185.36
2016	1	1月1日至5月8日	129	4610	0.029	185.35
	2	5月9日至6月6日	29	7706	0.070	187.58
	3	6月7—14日	8	10988	0.273	189.62
	4	6月15—28日	14	13171	0.505	190.74

续表

年份	序号	起止时间	天数/d	流量/(m^3/s)	悬移质含沙量/(kg/m^3)	模型出口控制水位/m
2016	5	6月29日至7月3日	5	17940	0.157	193.09
	6	7月4—6日	3	12967	0.103	190.64
	7	7月7—9日	3	18667	1.395	193.44
	8	7月10—13日	4	14600	0.195	191.48
	9	7月14日至8月12日	30	18050	0.186	193.15
	10	8月13日至9月19日	38	11166	0.051	189.71
	11	9月20—30日	11	18563	0.096	193.39

浑水验证试验结果表明（表5-7），2011年10月至2016年9月验证河段原型冲刷量75.7万m^3，模型冲刷量68.3万m^3，偏差9.8%；河床深泓点高程原型与模型偏差小于0.5m，河床平均高程偏差小于0.4m，原型与模型滩、槽冲淤分布基本一致，冲淤性质基本相同。由此可见，模型与原型河床冲淤变化基本相似，表明模型设计、选沙及各项比尺的确定基本合理，能够保证正式试验成果的可靠性。

表5-7　模型横断面河床冲淤验证表

断面号	2016年9月深泓点高程/m			2016年9月河床平均高程/m		
	原型	模型	偏差	原型	模型	偏差
S1	180.1	179.6	−0.5	184.41	184.72	0.31
S2	176.5	176.8	0.3	183.32	183.09	−0.23
S3	176.5	176.3	−0.2	183.76	183.95	0.19
S4	177.3	176.8	−0.5	184.78	184.98	0.20
S5	157.3	158.6	0.3	179.68	179.46	−0.22
S6	178.0	177.6	−0.4	183.81	184.21	0.40

注　河床平均高程指190m以下高程。

5.3 定床模型水流试验

5.3.1 试验条件和内容

1. 试验条件

金刚沱泵站取水口位于长江朱沱水文站下游约30km，区间汇流面积甚小，没有大的支流入汇，故金刚沱泵站直接采用朱沱站的设计洪水成果。经频率分析计算，朱沱站20年一遇洪峰流量为52600m^3/s，相应金刚沱泵站取水口的水位为206.77m。按照《泵站设计规范》（GB 50265—2010）的规定，确定金刚沱泵站取水口最高运行水位为206.77m；泵站取水口最低运行水位为184.01m，取水保证率97%。因此，模型试验中共选取四级典型流量作为试验特征流量，分别是52600m^3/s（20年一遇洪水流量），42600m^3/s（5

年一遇洪水流量），8410m³/s（多年平均流量），1920m³/s（取水保证率97%流量）。模型地形采用2016年10月金刚沱河段实测地形作为制模地形，模型出口水位按相应流量下金刚沱泵站水位控制。试验放水要素见表5-8。

表5-8　　定床试验放水要素表

流量/(m³/s)	流量标准	金刚沱泵站水位(85基准)/m	模型尾门水位(85基准)/m
52600	$P=2\%$	206.77	205.05
42600	$P=20\%$	203.54	202.50
8410	多年平均流量	189.51	188.03
1920	$P=97\%$	184.01	183.08

2. 试验内容

试验主要研究内容为在洪、中、枯不同频率来水条件下，工程河段河势、主流线、流速的变化，取水头部附近流速、流态情况，分析河道水流变化对取水管头部进流的影响。

试验河段内沿程共布设4个水位观测站和15个流速测量断面（S1～S15）。各水位站和测流断面位置见图5-5。模型进口流量用电磁流量计控制，沿程水位由自动水位计读取，断面流速用直读式旋桨流速仪测量，流态用示踪粒子观测，试验的所有测量数据均输入计算机处理。

5.3.2 试验成果分析

1. 河道主流线变化

金刚沱河段地处长江上游低山丘陵地区，河道两岸分布有阶地、碛坝边滩，河型呈单一弯曲状。河段进口主流从左岸萝卜寺处逐渐过渡到右岸下行进入金刚沱弯道，过黄角村弯道顶部后主流逐渐摆向左岸下行，过燕坝村后主流又逐渐摆回右岸出弯道进入下游河段。受河道边界条件控制，多年来河道主流走向稳定，整体河势变化较小，河床组成以砂卵石为主，抗水流冲刷性较强。

金刚沱泵站站址位于河段左岸的金刚村上游滩地，离右侧老成渝铁路直线距离约200m，为地面式厂房，泵站取水管头部伸入江中主流区取水。试验结果表明（表5-9、图5-6），在流量1920～8410m³/s条件下，河道主流线横向摆动幅度一般为10～80m，最大横向摆动幅度120m，出现在金刚沱弯道顶部附近，在取水管头部处主流横向摆动幅度20m，主流距取水管头部横向距离132～158m。在流量8410～42600m³/s条件下，河道主流线横向摆动幅度一般为20～120m，最大横向摆动幅度180m，出现在金刚沱弯道顶部附近，在取水管头部主流横向摆动幅度20m，主流距取水管头部横向距离158～198m。在流量42600～52600m³/s条件下，河道主流线横向摆动幅度一般为20～60m，最大横向摆动幅度120m，出现在金刚沱弯道附近，在取水管头部主流横向摆动幅度20m，主流距取水管头部横向距离181～198m。在流量1920～52600m³/s条件下，河道主流线横向摆动幅度一般为10～100m，最大横向摆动幅度200m，出现在河段进口横山村附近，在取水管头部主流横向摆动幅度60m，主流距取水管头部横向距离132～198m。

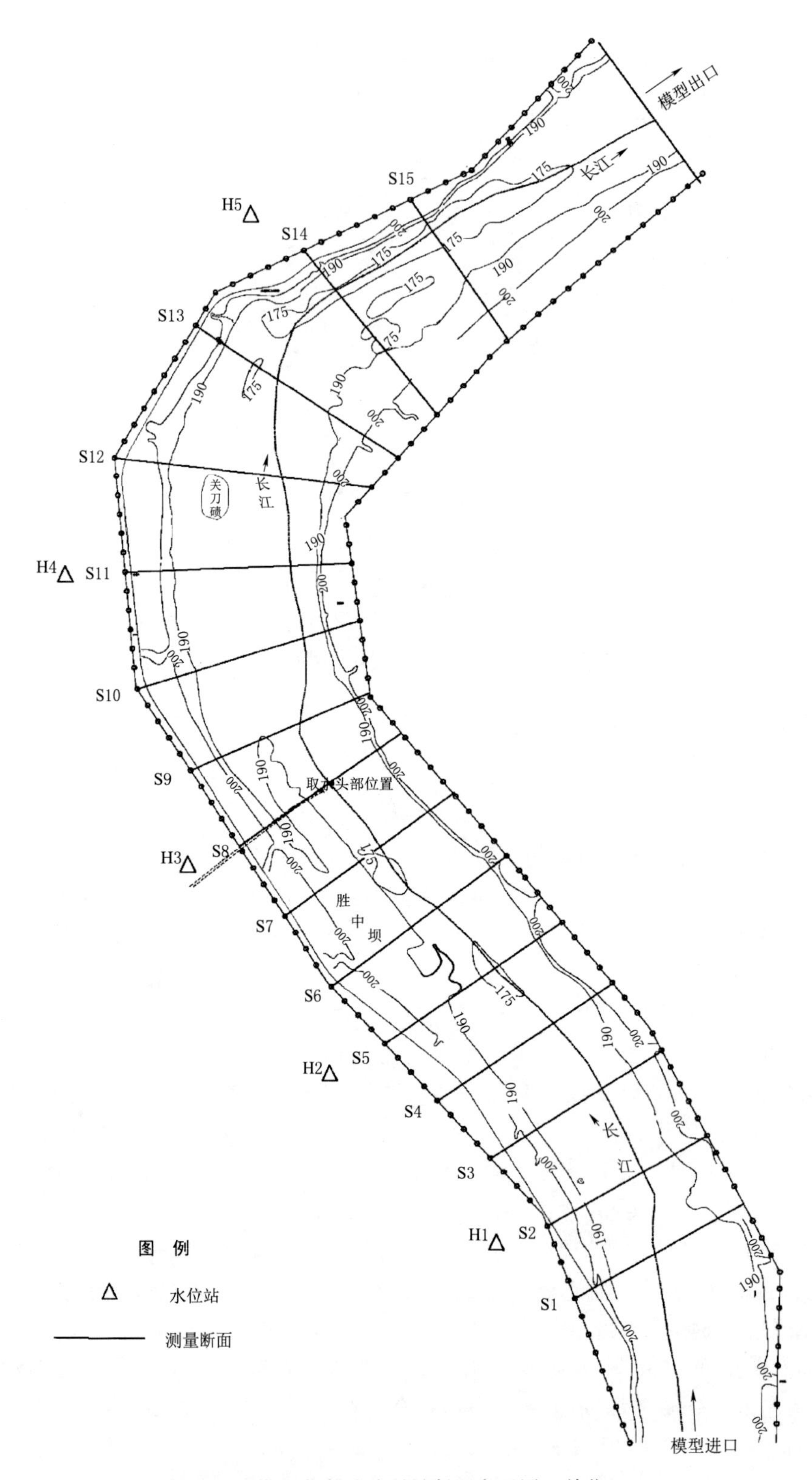

图 5-5 模型方案试验测量断面布置图（单位：m）

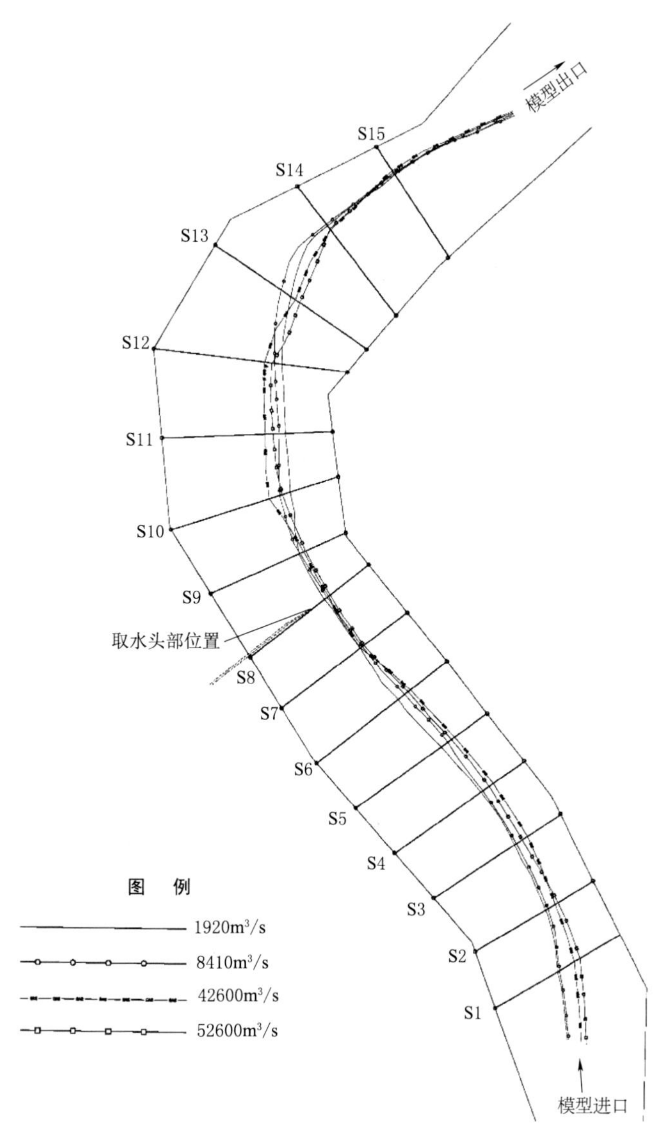

图 5-6 金刚沱河段主流线变化图

表 5-9 **河段主流线横向摆动距离表** 单位：m

断面号	1920～8410 m^3/s	8410～42600 m^3/s	42600～52600 m^3/s	1920～52600 m^3/s
S1（上 3540m）	−20	−140	−60	−200
S2（上 3040m）	−20	−80	−20	−120
S3（上 2560m）	−20	−120	60	−80
S4（上 2080m）	−20	−120	60	−80
S5（上 1570m）	−80	−80	40	−120
S6（上 1050m）	−80	−60	40	−100

续表

断面号	1920～8410 m³/s	8410～42600 m³/s	42600～52600 m³/s	1920～52600 m³/s
S7（上540m）	−20	20	−40	−40
S8（取水口）	−20	−20	−20	−60
S9（下470m）	−20	−20	−20	−60
S10（下960m）	120	80	−120	80
S11（下1460m）	40	120	−60	100
S12（下2070m）	60	100	−80	80
S13（下2650m）	120	−180	−20	−80
S14（下3230m）	20	−60	20	−20
S15（下3910m）	10	20	−20	10

由此可见，在不同流量条件下，该河段主流线变化较大的区域主要在金刚沱弯道顶部附近和河段进口横山村附近，在取水管上、下游1000m河道范围内主流线位置较稳定，主流横向摆动幅度较小，摆幅在20～60m间，有利于取水管取水。

2. 河道流速变化

试验结果表明（表5-10），在枯水流量1920m³/s（$P=97\%$）时，工程以上河段（S1～S7号）最大流速为1.81～2.16m/s，断面平均流速为1.14～1.26m/s；工程以下河段（S9～S15号）最大流速为2.22～3.37m/s，断面平均流速为1.56～2.23m/s，取水口断面（S8号）最大流速为1.78m/s，断面平均流速为1.05m/s，取水头部处测点流速为1.14m/s，流向角20°。

表5-10 **河段表面流速变化表** 单位：m/s

断面号	1920m³/s		8410m³/s		42600m³/s		52600m³/s	
	最大流速	平均流速	最大流速	平均流速	最大流速	平均流速	最大流速	平均流速
S1（上3540m）	2.04	1.24	2.24	1.68	302	2.29	3.12	2.39
S2（上3040m）	1.98	1.14	2.31	1.48	2.84	2.26	3.05	2.43
S3（上2560m）	1.82	1.18	2.35	1.70	3.01	2.15	3.15	2.33
S4（上2080m）	2.16	1.26	2.71	1.82	3.05	2.22	3.21	2.37
S5（上1570m）	2.06	1.15	2.92	1.75	3.14	2.18	3.33	2.32
S6（上1050m）	1.92	1.18	2.58	1.66	2.67	1.85	2.85	2.08
S7（上540m）	1.81	1.24	2.46	1.57	2.71	2.01	2.85	2.16
S8（取水口）	1.78	1.05	2.47	1.40	2.72	2.01	2.84	2.10
S9（下470m）	2.28	1.63	3.56	2.49	3.70	2.69	3.79	2.84
S10（下960m）	3.37	1.88	3.43	2.31	3.66	2.60	3.74	2.87
S11（下1460m）	3.11	2.23	3.23	2.18	3.47	2.53	3.65	2.72

续表

断面号	1920m³/s		8410m³/s		42600m³/s		52600m³/s	
	最大流速	平均流速	最大流速	平均流速	最大流速	平均流速	最大流速	平均流速
S12（下 2070m）	2.82	1.94	2.89	2.35	3.34	2.48	3.54	2.57
S13（下 2650m）	2.46	1.71	2.64	1.97	3.18	2.25	3.32	2.41
S14（下 3230m）	2.32	1.76	2.69	1.95	3.28	2.50	3.47	2.75
S15（下 3910m）	2.22	1.56	2.83	1.92	3.71	2.94	3.88	2.99

在多年平均流量 8410m³/s 时，工程以上河段（S1～S7 号）最大流速为 2.24～2.92m/s，断面平均流速为 1.48～1.82m/s；工程以下河段（S9～S15 号）最大流速为 2.64～3.56m/s，断面平均流速为 1.92～2.49m/s，取水口断面（S8 号）最大流速为 2.47m/s，断面平均流速为 1.40m/s，取水头部处测点流速为 1.69m/s，流向角 10°。

在 5 年一遇洪水流量 42600m³/s 时，工程以上河段（S1～S7 号）最大流速为 2.67～3.14m/s，断面平均流速为 1.85～2.29m/s；工程以下河段（S9～S15 号）最大流速为 3.18～3.71m/s，断面平均流速为 2.25～2.94m/s，取水口断面（S8 号）最大流速为 2.72m/s，断面平均流速为 2.01m/s，取水头部处测点流速为 2.35m/s，流向角 40°。

在 20 年一遇洪水流量 52600m³/s 时，工程以上河段（S1～S7 号）最大流速为 2.85～3.33m/s，断面平均流速为 2.08～2.43m/s；工程以下河段（S9～S15 号）最大流速为 3.32～3.88m/s，断面平均流速为 2.41～2.99m/s，取水口断面（S8 号）最大流速为 2.84m/s，断面平均流速为 2.10m/s，取水头部处测点流速为 2.54m/s，流向角 20°。

由此可见，在不同流量条件下，取水头部处流速值变化范围在 1.14～2.54m/s 之间，流向角为 10°～40°。表明此处水流较顺直，流速较大，不易产生泥沙淤积，对取水管取水较有利。

3. 取水口附近局部流态

泵站取水头部伸入江中主流区，试验中对取水头部附近水流流态进行了观测，结果表明（表 5-11），各级流量下，取水头部附近水流平顺，流态较稳定。流量 1920m³/s 时，取水头部在水面下约 1m 处，取水头部上方水面出现较稳定的立轴漩涡，漩涡直径约 6m，漩涡强度不大，流量 8410m³/s 时，取水头部在水面下约 6.5m 处，取水头部上方水面立轴漩涡消失，根据试验观测流量大于 4000m³/s 时已无明显的漩涡出现。由此可见，在枯水期泵站引水时，在取水头部水面有立轴漩涡出现（图 5-7、图 5-8），随着流量增加，水深加大，立轴漩涡逐渐消失。

表 5-11　取水口处水流流态表

流量/(m³/s)	流 量 标 准	取水口水位（85 基准）/m	取水口表面立轴漩涡直径/m
42600	$P=20\%$	203.54	0
8410	多年平均流量	189.51	0
1920	$P=97\%$	184.01	6

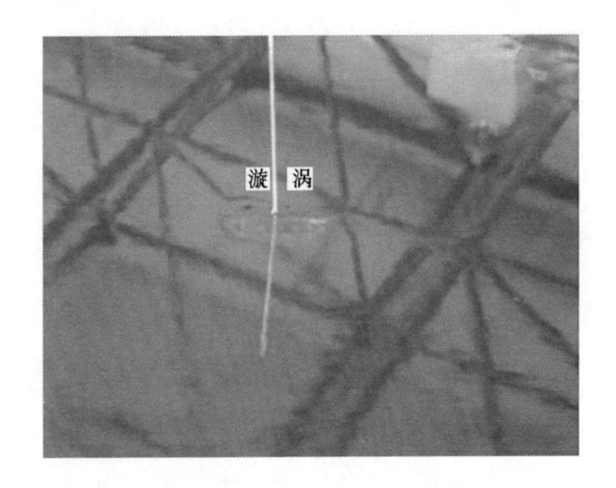

图5-7 取水头部处漩涡（$Q=1920m^3/s$）

图5-8 取水头部处漩涡（$Q=3650m^3/s$）

5.4 动床模型10年系列泥沙冲淤试验

5.4.1 试验条件和内容

1. 试验条件

动床模型试验进口水沙条件采用长江科学院长江上游梯级水库联合调度一维泥沙数学模型计算成果。该计算成果中考虑了上游干流溪洛渡、向家坝水库，支流岷江紫坪铺、瀑布沟水电站蓄水拦沙的影响，以及其他已建和在建梯级蓄水拦沙的影响，具体包括金沙江下游乌东德、白鹤滩两座梯级水库，以及金沙江中游梯级水库、雅砻江梯级水库、岷江梯级水库等。计算采用1991—2000年系列，该系列年被原国务院三峡工程建设委员会办公室泥沙专家组确定为三峡工程蓄水运用后泥沙问题研究的系列年。动床模型进口悬移质级配采用2017年朱沱站实测悬移质级配进行设计和配沙（表5-1）。

模型起始地形采用长江委水文局2016年10月该河段实测地形，在取水口断面上、下游4km长的河段做成动床，动床床沙级配采用2019年1月该河段实测床沙级配资料进行设计和配沙（表5-2）。

2. 试验内容

金刚沱泵站运行10年取水口河段泥沙冲淤试验主要研究内容如下：

（1）泵站不同运用年限该河段泥沙冲淤量、冲淤分布及变化过程。

（2）取水头部附近河床地形变化，泥沙冲淤对取水头部正常进流的影响。

（3）取水头部箱底的泥沙淤积情况，提出减少箱底泥沙淤积的措施。

模型动床段长4km的河道范围内共布置15个测淤断面（S4～S12），其中取水口及上游2km河道范围内布置8个测淤断面，取水口下游2km范围内布置7个测淤断面。试验测量断面布置见图5-5。

5.4.2 试验成果分析

5.4.2.1 河道冲淤变化

1. 河段纵剖面变化

试验中对金刚沱泵站运行5年末、10年末取水口河段河道地形进行了测量，结果表明（表5-12），泵站运行5年末该河段河床深泓有冲有淤，冲刷段深泓下降0.8～2.2m，淤积段深泓一般淤高约0.9m，局部深槽处最大淤高6.8m，取水口断面处深泓高程下降0.9m。泵站运行10年末，该河段河床深泓以冲刷下切为主，10年末河床深泓高程较2016年冲刷下降0.6～1.7m，局部深槽处最大淤高5.7m，取水口断面处深泓高程下降0.3m。从河道深泓纵剖面变化（图5-9）看，除取水口上游两个局部深坑有较大的淤积外，河道其余处深泓的冲淤变化较小。

表5-12 工程河段断面深泓点高程变化表

断面号	深泓点高程/m			深泓点高程差值/m	
	2016年（起始地形）	5年末	10年末	5年末至2016年	10年末至2016年
S4（上2080m）	177.3	178.0	176.2	0.7	−1.1
S5（上1570m）	157.3	164.1	163	6.8	5.7
S6（上1050m）	178	176.2	176.5	−1.8	−1.5
M1（上750m）	167.6	171.3	172.1	3.7	4.5
S7（上540m）	175	174.2	173.8	0.8	1.2
M2（上300m）	177.1	176.3	176.5	−0.8	−0.6
M3（上130m）	176.3	175.4	175.0	−0.9	−1.3
S8（取水口）	176.1	175.2	175.8	−0.9	−0.3
M4（下130m）	176.4	175.4	176.2	−1	−0.2
M5（下300m）	174	175.2	174.6	1.2	0.6
S9（下470m）	176.7	176.8	176	0.1	−0.7
M6（上670m）	177.8	175.6	176.3	−2.2	−1.5
S10（下960m）	177.1	178	178.5	0.9	1.4
S11（下1460m）	175.8	176.2	174.6	0.4	−1.2
S12（下2070m）	175.1	174.3	173.4	−0.8	−1.7

注 深泓高程差中“－”代表冲，“＋”代表淤。

由此可见，在受上游水库拦沙，清水下泄情况下，该河段河床深泓以冲刷下切为主，由于河床组成主要是基岩和砂卵石，抗水流冲刷性较强，因此河道深泓冲变幅不大，深泓纵剖面基本稳定。

2. 河段横断面变化

为研究泵站运行后，工程河段河道滩、槽变化情况，模型上对取水口上、下游4km的动床河段（S4～S12）进行了横断面地形测量。该处河段为处于金刚沱河道上弯道，左岸是碛坝边滩，深槽靠右岸，河床横断面形状以U形为主。测量结果表明（表5-13），

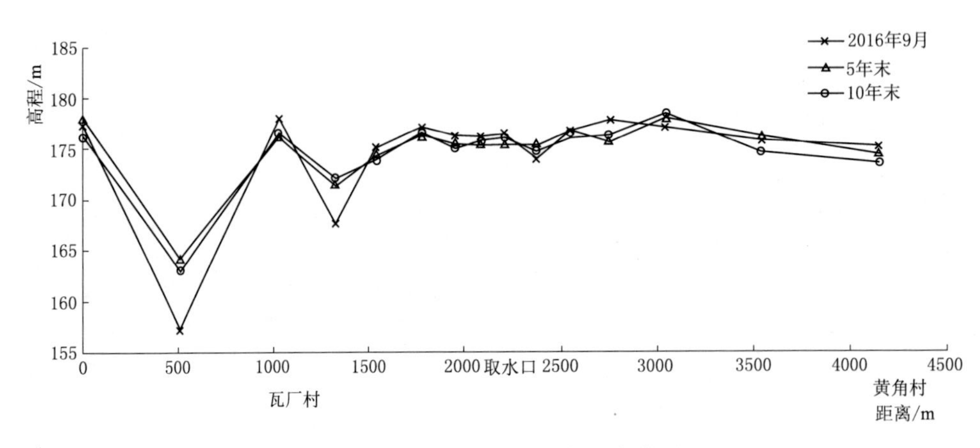

图 5-9 工程河段深泓纵剖面变化图

泵站运行5年末，取水口以上2km河段，河槽冲淤幅度−1.13～1.87m，左岸边滩淤高0.65～1.98m，右岸边滩冲低0.3～1.71m，局部断面淤高1.94m；取水口以下2km河段，河槽以冲刷为主冲深0.12～1.48m，左岸边滩冲淤变幅−1.45～1.63m；取水口断面（S8）河槽冲深0.18m，左岸边滩淤高0.88m，右岸边滩冲低1.15m。

表5-13　　工程河段滩、槽冲淤幅度变化表

断面号	泵站运用5年末			泵站运用10年末		
	滩地/m		河槽/m	滩地/m		河槽/m
	左岸	右岸		左岸	右岸	
S4（上2080m）	0.65	−1.34	−0.23	−0.30	−0.74	−0.48
S5（上1570m）	1.98	−1.64	1.87	2.45	−0.81	0.43
S6（上1050m）	1.54	1.94	−1.13	1.71	1.07	−1.71
M1（上750m）	1.46	−0.3	0.98	1.70	−0.28	0.63
S7（上540m）	0.79	−1.71	0.47	1.59	−1.73	−0.21
M2（上300m）	1.32	−1.50	−0.23	1.92	−2.20	0.40
M3（上130m）	1.29	−1.33	−1.06	1.76	−1.90	−0.66
S8（取水口）	0.88	−1.15	−0.18	1.58	−1.43	0.34
M4（下130m）	−1.07	−1.17	−1.48	−1.54	0.37	−1.64
M5（下300m）	−1.45	—	0.15	−1.03	—	−0.89
S9（下470m）	0.78	—	−1.15	1.49	—	−2.0
M6（上670m）	−0.08	—	−0.41	0.52	—	−0.30
S10（下960m）	—	—	−0.12	—	—	0.09
S11（下1460m）	1.09	—	−0.30	1.73	—	−0.36
S12（下2070m）	1.63	−0.15	−0.12	2.03	0.27	−0.05

注　河槽指185m高程以下地形；“−”代表冲，“+”代表淤。

泵站运行10年末，取水口以上2km河段，河槽冲淤幅度−1.71～0.63m，左岸边滩淤高1.59～2.45m，右岸边滩冲低0.28～2.20m；取水口以下2km河段，河槽以冲刷为主，冲深0.05～2.0m，左岸边滩冲淤变幅−1.54～2.03m；取水口断面（S8）河槽淤高0.34m，左岸边滩淤高1.58m，右岸边滩冲低1.43m。

由此可见，在泵站运行的10年中，该河段河床以冲刷下切为主，左岸边滩有所淤积，右岸边滩有所冲刷。受地质条件控制，整个河道冲淤变化幅度不大，河道断面形态、主河槽位置基本稳定，取水口断面处河床冲淤变化较小，河床基本稳定，对取水没有明显不利影响。

3. 河床冲淤量变化

动床模型系列年试验结果表明（表5-14），泵站运行5年末，取水口上、下游4km河段以冲刷为主累计冲刷量54.54万m^3，冲刷强度13.63万m^3/km，其中取水口上游2km段冲刷量7.16万m^3，冲刷强度为3.58万m^3/km；取水口下游2km段冲刷量47.37万m^3，冲刷强度23.68万m^3/km。泵站运行10年末，取水口上、下游4km河段略有淤积，累计淤积量为4.69万m^3，淤积强度为1.17万m^3/km，其中取水口上游2km段淤积量为11.20万m^3，淤积强度为5.60万m^3/km；取水口下游2km段冲刷量为6.51万m^3，冲刷强度为3.25万m^3/km。由此可见，随着上游水库拦沙，清水下泄的持续，工程河段河床冲刷呈由强减弱的趋势，在泵站运行10年末河床冲淤趋于平衡。

表5-14　工程河段冲淤量及冲淤强度表

泵站运行年份	取水口以上段（2km）		取水口以下段（2km）		全河段（4km）	
	冲淤量/万m^3	冲淤强度/(万m^3/km)	冲淤量/万m^3	冲淤强度/(万m^3/km)	冲淤量/万m^3	冲淤强度/(万m^3/km)
5年末	−7.16	−3.58	−47.37	−23.68	−54.54	−13.63
10年末	11.20	5.60	−6.51	−3.25	4.69	1.17

注　冲淤量中“−”代表冲，“+”代表淤。

5.4.2.2　取水口附近局部河床变化

金刚沱泵站位于河道左岸，泵站取水管穿过左岸边滩头部伸入江中主流区取水。取水头部为整体箱式结构，平剖面为菱形，纵剖面箱体进流顶高程183.0m（位于97%保证率枯水水面线以下1m），该处河床高程为177.1～177.5m。模型试验结果表明（表5-15，图5-10～图5-13），泵站运行5年末，取水头部附近河床高程为178.1～179.0m，较起始地形淤高1.0～1.5m，在取水头部块石回填区（179m高程范围）最大淤积高程179.6m，位于取水头部箱式结构左侧。泵站运行10年末，取水头部附近河床高程为177.9～180.1m，较起始地形淤高0.8～2.6m，在取水头部块石回填区（179m高程范围）最大淤积高程180.2m，位于取水头部箱式结构左侧，取水头部处的河床淤积高程未达到取水口箱体进水顶高程183.0m，不影响泵站正常取水。

5.4.2.3　取水头部箱底泥沙淤积

取水头部平剖面为菱形，为整体箱式结构。箱体长27.3m、宽6.6m，箱底高程169.5m，顶高程183.0m，箱内引水管底高程173.4m，箱体采用顶部进水方式，箱顶设置拦污格栅。试验结果表明（表5-16），泵站运行5年末，箱体底部泥沙淤积厚度0.7～

表 5－15　　取水头部块石回填区高程变化表

泵站运行时间	取水头部左侧		取水头部右侧		取水头部前端		取水头部尾端	
	高程/m	淤厚/m	高程/m	淤厚/m	高程/m	淤厚/m	高程/m	淤厚/m
起始（块石回填区）	179.0	—	179.0	—	179.0	—	179.0	—
5年末	179.6	0.6	179.3	0.3	179.3	0.3	179.5	0.5
10年末	180.2	1.2	179.6	0.6	179.4	0.4	180.0	1.0

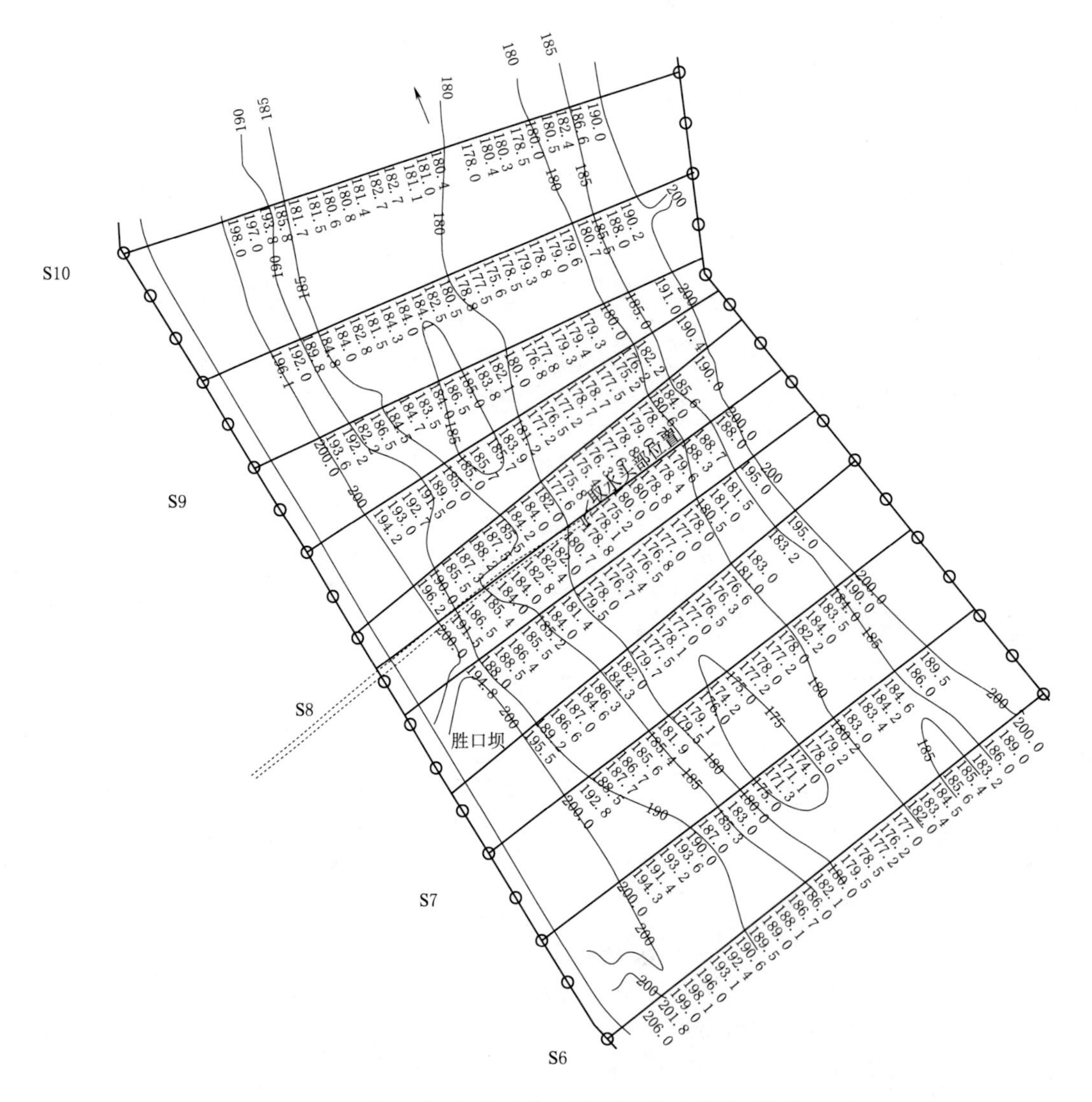

图 5－10　泵站运用5年末取水口附近河道地形图（单位：m）

1.0m，淤积高程 170.2～170.5m。泵站运行 10 年末，箱体底部泥沙淤积厚度 0.9～1.4m，淤积高程 170.4～170.9m，箱底淤沙主要是细沙，未见到推移质粗颗粒沙，箱底泥沙淤积高度未达到箱内引水管底高程 173.4m，对泵站正常引水无明显影响。

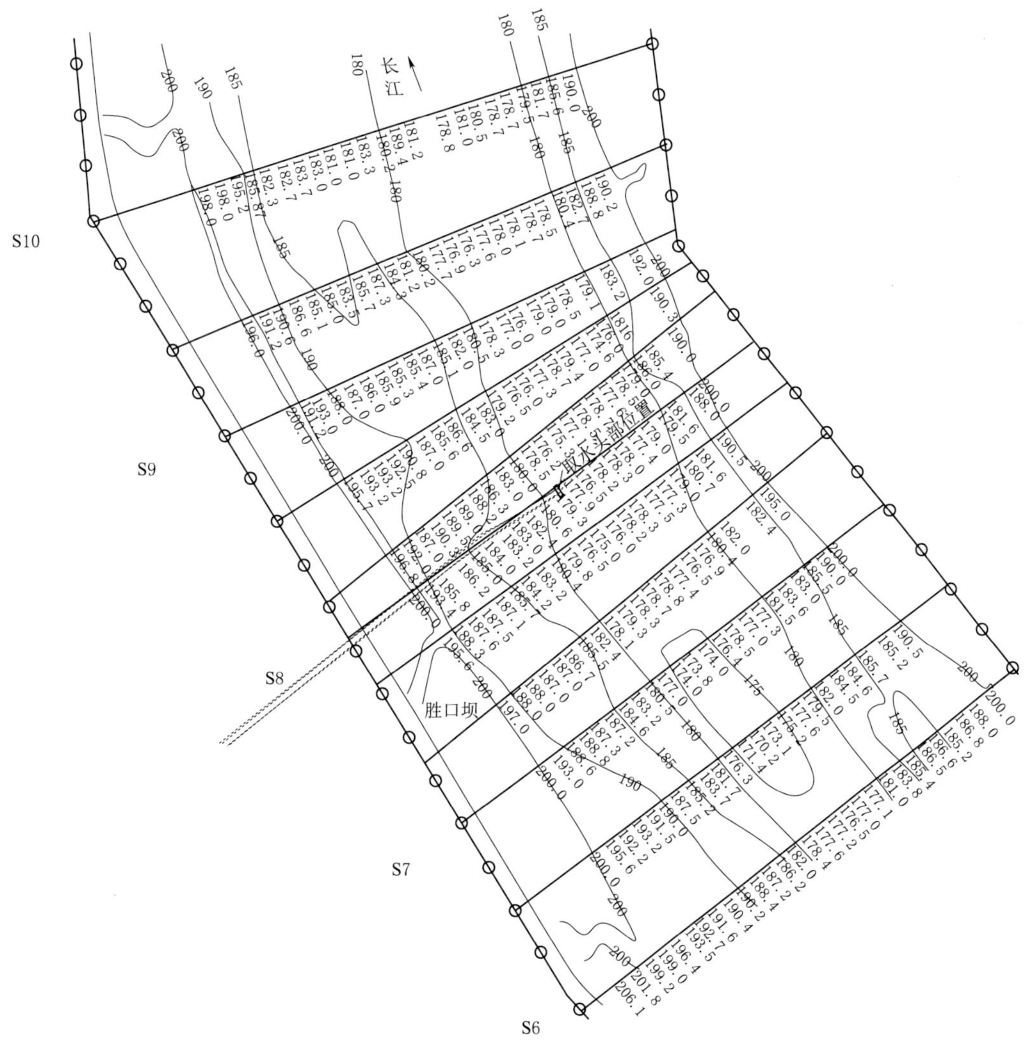

图 5-11 泵站运用10年末取水口附近河道地形图（单位：m）

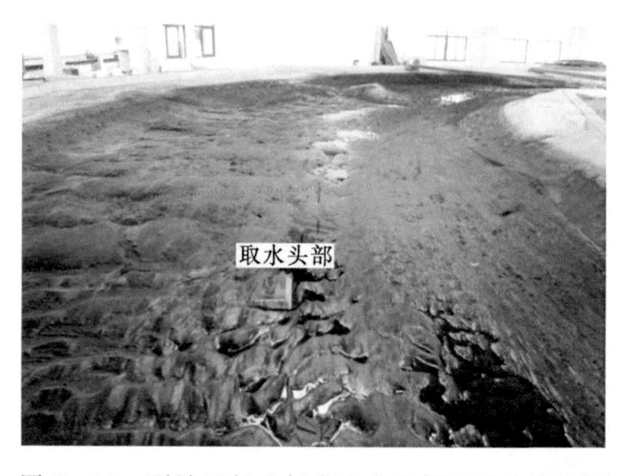

图 5-12 泵站运行5年末取水头部附近冲淤地形

图 5-13 泵站运行10年末取水头部附近冲淤地形

表 5-16　取水头部箱底淤积变化表

泵站运行时间	淤积高程/m	淤积厚度/m
5 年末	170.2～170.5	0.7～1.0
10 年末	170.4～170.9	0.9～1.4

5.5　小结与分析

通过物理模型试验，分析研究了金刚沱泵站引水工程河段在不同频率流量条件下，河道河势、流速、流态变化及对泵站取水头部进流的影响。在此基础上进行了泵站运行 10 年系列泥沙冲淤试验，对工程河段河道冲淤规律，泵站取水头部附近河床冲淤变化，泵站取水头部箱底泥沙淤积等问题进行了研究，得出以下主要结论：

（1）金刚沱河段在不同流量条件下，河段河势较稳定，在取水管断面上下游 1000m 河道范围内主流线横向变化较小，主流横向摆幅在 20～60m 之间，主流距取水管头部横向距离在 132～198m 范围内，取水头部附近水流平顺，流态较稳定。

（2）在流量 1920～52600m³/s 条件下，取水管断面河道最大流速 1.78～2.84m/s，平均流速 1.04～2.10m/s；取水管头部附近测点流速 1.14～2.54m/s，不易产生泥沙淤积，对取水管取水较有利。

（3）泵站运行 10 年，工程河段滩、槽位置变化不大，河势较稳定。受上游水库拦沙，清水下泄影响，河槽以冲刷下切为主，边滩有所淤积，但冲淤幅度不大，河槽一般冲深 0.36～1.71m，左岸边滩一般淤高 1.49～2.03m，右岸滩地一般冲低 0.74～1.9m。

（4）泵站运行 10 年末，取水头部附近河床高程为 177.8～180.1m，较起始地形淤高 0.8～2.6m，在取水头部块石回填区（179m 高程范围）最大淤积高程 180.2m，未达到取水口箱体顶高程 183.0m，不影响泵站正常取水。

（5）取水头部箱体底部泥沙淤积较少，泵站运行 10 年末，箱体底部泥沙淤积厚度 0.9～1.4m，淤沙主要是细沙，未见到推移质，对箱体内引水管进流无明显影响。

第6章

巴基斯坦卡洛特水电站模型试验

6.1 工程背景

巴基斯坦位于南亚次大陆西北部，东与印度接壤，东北与中国为邻，西北同阿富汗交界，西同伊朗毗邻，南临阿拉伯海，国土面积79.6万km^2（不包括克什米尔）。巴基斯坦是一个发展中国家，经济以农业为主。巴基斯坦的能源资源主要有煤炭、石油和天然气等化石能源资源及水力资源，可开发水力资源量约60000MW，截至2019年，已投入运行的水电站有134座，其中装机容量100MW以上仅5座，已开发水电总装机容量6720MW，水电开发量仅占到水电资源总量的11%。巴基斯坦国内电力供需矛盾突出，缺电已严重制约了经济社会的发展，开发水电资源是巴基斯坦能源可持续发展战略的重要环节。

吉拉姆河（Jhelum）是印度河流域水系最大的支流之一，发源于克什米尔山谷的韦尔纳格深泉，接纳吉申根加（Kishanganga）河后转向南进入巴基斯坦，在曼格拉（Mangla）附近穿过西瓦利克（Siwalik）山进入冲积平原，最后向南在特里穆（Trimmu）附近注入杰纳布河（Chenab）。干流全长725km，流域面积6.35万km^2。吉拉姆河水能资源丰富，是巴基斯坦除印度河外水能资源蕴藏量最大的河流，流域规划总装机容量达5624MW。吉拉姆河梯级开发方案研究始于20世纪60年代。根据《吉拉姆河水电规划报告》，吉拉姆河科哈拉（Kohala）至曼格拉（Mangla）河段的梯级开发方案为科哈拉（1100MW）—马赫尔（Mahl，590MW）—阿扎德帕坦（Azad Patten，640MW）—卡洛特（720MW）—曼格拉（1000MW），共5级（图6-1）。各梯级水库多具有日调节能力，水位基本衔接，除曼格拉水库外，其他4座梯级电站的总装机容量达3160MW，多年平均发电量为153.87亿kW·h。

卡洛特水电站是印度河流域吉拉姆河规划的5个梯级电站的第4级，上一级为阿扎德帕坦（Azad Pattan），下一级为曼格拉。坝址位于巴基斯坦旁遮普省境内卡洛特（Karot）桥上游约1km，下距曼格拉大坝74km，西距伊斯兰堡直线距离约55km。坝址处控制流域面积26700km^2，多年平均流量819m^3/s，多年平均年径流量258.3亿m^3。

工程为单一发电任务的水利枢纽。卡洛特（Karot）水电站推荐正常蓄水位461m，正常蓄水位以下库容1.52亿m^3，电站装机容量720MW（4×180MW），保证出力116.5MW，多年平均年发电量32.13亿kW·h。水库校核洪水位（$P=0.05\%$）为467.06m，设计洪水位（$P=0.2\%$）为461.13m，排沙运行水位446m，为日调节电站。

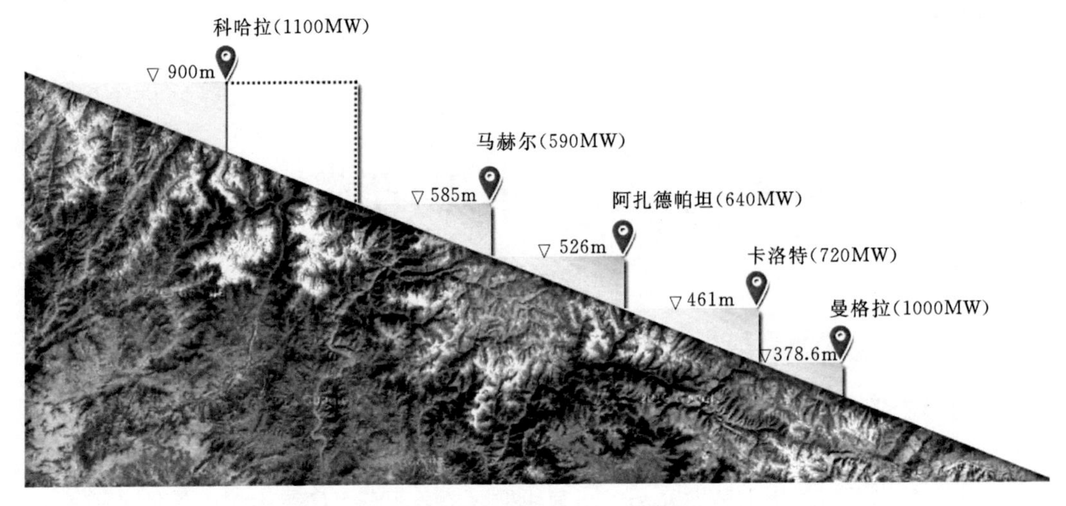

图 6-1 吉拉姆河规划梯级示意图

卡洛特水电站枢纽布置方案为：沥青混凝土心墙堆石坝布置在河湾湾头，溢洪道斜穿河湾地块山脊布置，出口在最下游，控制段布置泄洪表孔和泄洪排沙孔；电站进水口布置在溢洪道引水渠左侧靠近控制段，厂房布置在卡洛特大桥上游；导流洞布置在电站与大坝之间。工程首台机组发电工期 53 个月，总工期 60 个月。

由于水利枢纽建成运行后，将不同程度的改变河道水流泥沙运动规律，鉴于卡洛特水电站具有“泥沙量大、水库库容小”等显著特点，泥沙问题复杂，为探求合理的排沙运行方式和优选枢纽布置，开展了卡洛特水电站坝区泥沙模型试验研究。试验采用水库泥沙数学模型计算与坝区泥沙模型试验相结合的方法，以 2013 年 4 月坝区河道实测水下地形作为试验起始地形，1981—1990 年作为试验水沙循环典型系列年，进行枢纽运用第 1 至第 20 年长系列年泥沙淤积试验，分析研究枢纽建成后不同运用阶段坝区泥沙淤积数量、淤积形态和淤积高程，电站厂前流速流态和泥沙淤积问题以及过机泥沙特性，坝区卵石推移质运动规律及对电站厂前淤积的影响，水库排沙运用效果等，揭示卡洛特枢纽的泥沙运动规律，分析枢纽总体布置方案的合理性，研究防沙、排沙措施。

6.2 实体模型设计及方案

6.2.1 枢纽布置

坝址（图 6-2）位于吉拉姆卡洛特桥上游约 1km 处的河道回头弯下游，沥青混凝土心墙坝坝顶高程 469.50m，正常蓄水位 461m，最大坝高 98.50m，坝顶轴线长 456.00m，坝顶宽度 12.00m。溢洪道（图 6-3、图 6-4）位于大坝上游约 800m 处，为斜穿河湾地块山脊布置，控制段从右到左布置泄洪表孔 6 个和泄洪冲沙孔 2 个。引水发电系统布置在溢洪道引水渠左侧靠近控制段，厂房布置在卡洛特大桥上游。导流洞布置在电站与大坝之间。

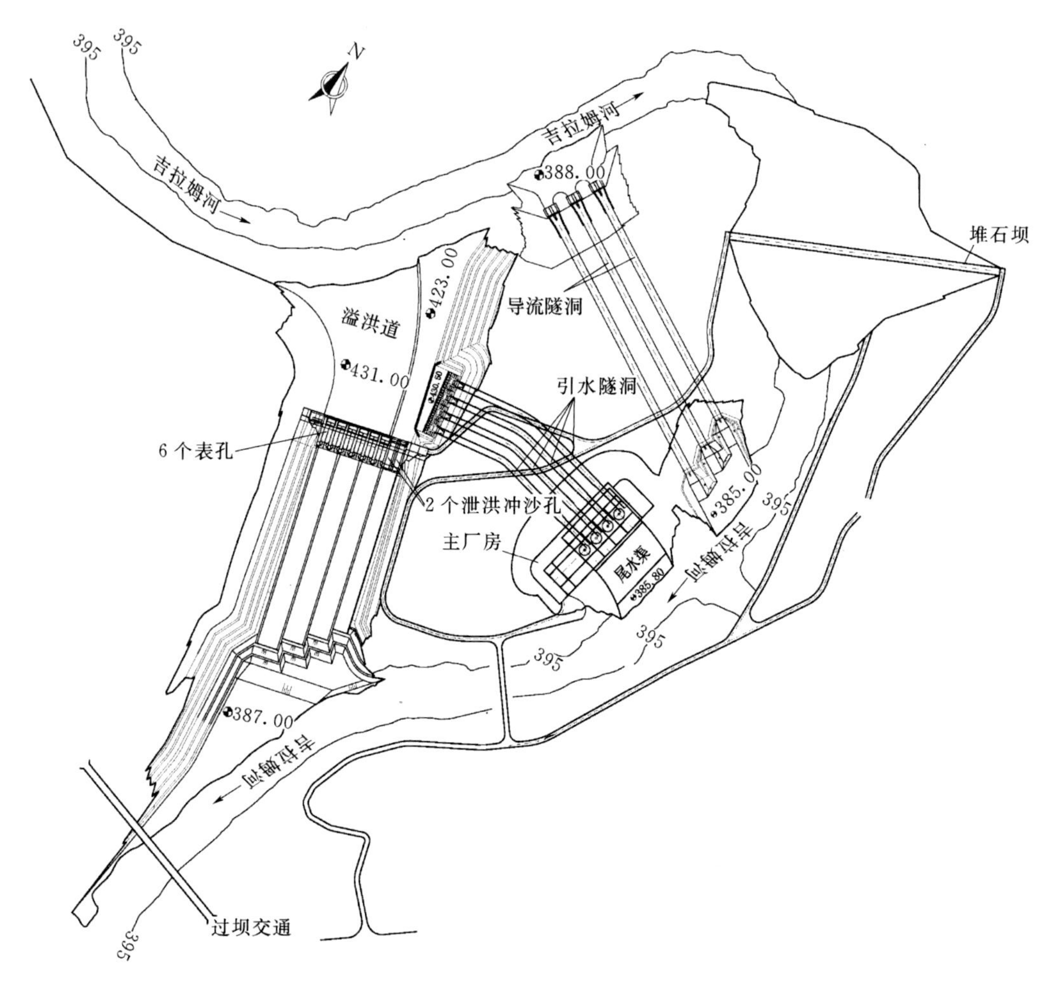

图 6-2　枢组平面布置图（单位：m）

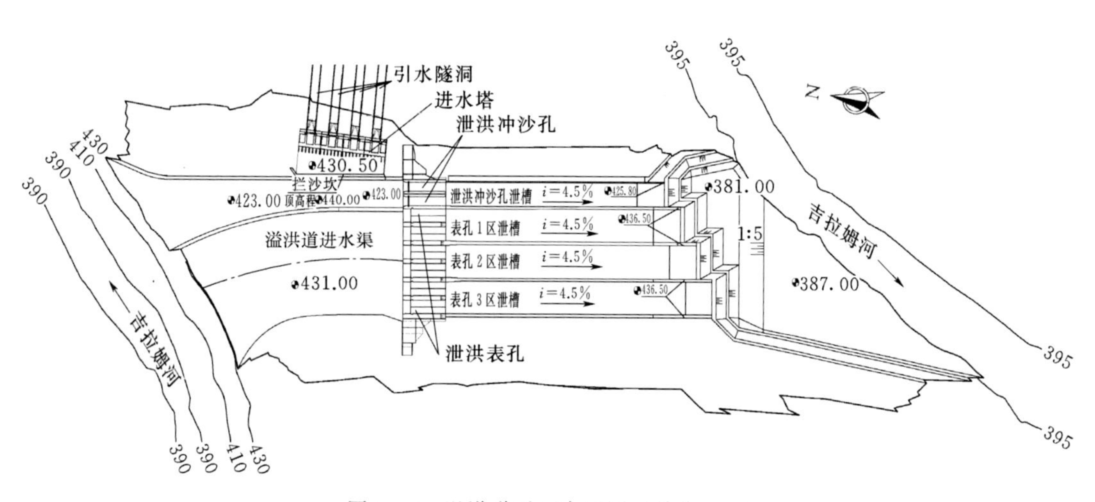

图 6-3　溢洪道平面布置图（单位：m）

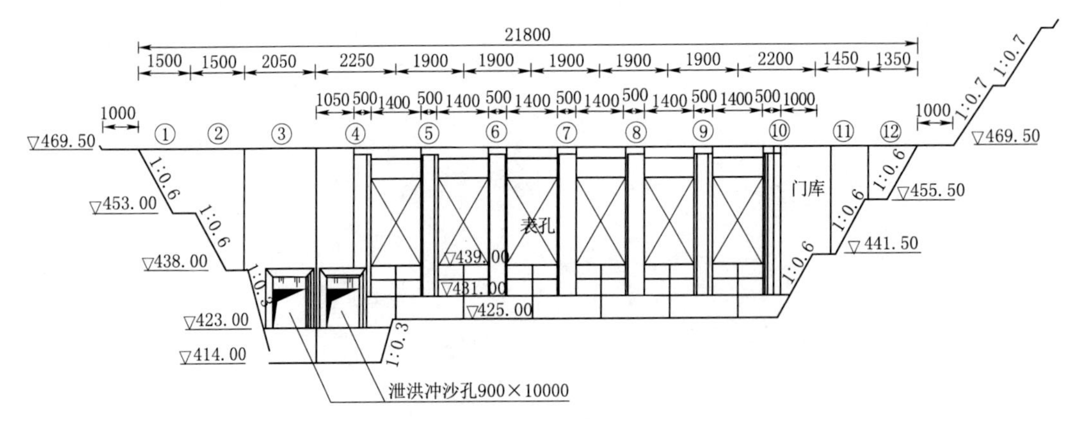

图6-4 溢洪道立视图（单位：高程为m；尺寸为cm）

6.2.2 模型设计

6.2.2.1 模拟范围

模型为正态，几何比尺1∶100。模型比尺按水流运动相似和泥沙运动相似等模型相似律确定。模拟河道长约12km（坝址上游9km至坝址下游3km）。模型布置见图6-5。

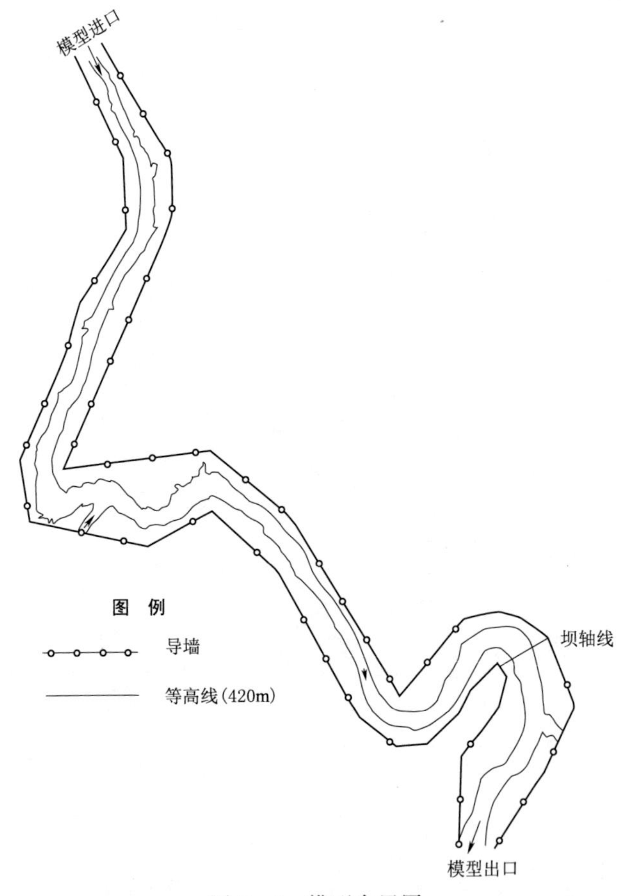

图6-5 模型布置图

6.2.2.2 模型选沙

通过库区河道现场调查取样和分析，坝址悬移质中值粒径0.028mm（表6-1），床沙中值粒径68.4mm，平均粒径93.3mm，最大粒径365mm（表6-2）。

表6-1 坝址附近悬移质颗粒级配成果表

粒径级/mm	9.8	24.8	35.6	54.8	79.7	86.7	92.9	97.9	100	d_{50}
小于某粒径沙重百分数/%	0.004	0.008	0.016	0.031	0.062	0.125	0.25	0.5	1.0	0.028

表6-2 工程河段河床质泥沙颗粒级配表

粒径级/mm	2	5	10	25	50	75	100	150	200	250	300	350	400	d_{50}
小于某粒径沙重百分数/%	7.0	15.1	22.6	34.9	45.6	51.6	58.2	77.4	89.0	93.1	93.1	93.1	100	68

1. 悬移质

参考以往研究经验，悬移质模型沙采用经过筛分、选配的株洲精煤。株洲精煤容重为1.33t/m^3，干容重为0.75～0.9t/m^3，悬移质泥沙模型设计级配及模型实际级配见表6-3，模型沙d_{50}为0.02mm。同时对张瑞谨泥沙起动流速公式计算结果与模型沙水槽试验成果比较，所采用模型沙可满足起动相似。

表6-3 悬移质级配表

小于某粒径沙重百分数/%	9.8	24.8	35.6	54.8	79.7	86.7	92.9	97.9	100	d_{50}/mm
原型悬沙粒径/mm	0.004	0.008	0.016	0.031	0.062	0.125	0.25	0.5	1.0	0.028
模型沙设计粒径/mm	0.003	0.006	0.011	0.022	0.044	0.089	0.179	0.357	0.714	0.020
模型沙实际用粒径/mm	0.003	0.006	0.01	0.02	0.04	0.09	0.18	0.36	0.71	0.02

2. 推移质

在缺乏推移质实测资料的情况下，采用在帕坦（Pattan）水文站附近河道床沙取样分析所得的级配作为推移质级配。推移质泥沙模型设计级配及模型实际级配见表6-4。

表6-4 推移质模型沙级配表

小于某粒径沙重百分数/%		10.6	18.1	25.4	36.7	51.1	64.8	74.5	82.4	90.8	90.8	90.8	90.8	100	d_{50}/mm
粒径/mm	原型	2	5	10	25	50	75	100	150	200	250	300	350	400	48
	模型设计值	0.12	0.31	0.62	1.54	3.09	4.63	6.17	9.26	12.35	15.43	18.52	21.60	24.69	2.97
	实际采用值	0.12	0.31	0.62	1.5	3	4.6	6.2	9.3	12.4	15.4	18.5	21.6	24.7	3.00

模型几何比尺及模型沙选定后，按相似准则，对各比尺进行计算，模型主要比尺汇总见表6-5。

表6-5 模型比尺表

相似条件	名称	采用比尺值
几何相似	平面比尺	100
	垂直比尺	100
水流运动相似	流速比尺	10
	糙率比尺	2.15
	流量比尺	100000
悬移质运动相似	沉速比尺	10
	起动流速比尺	10
	含沙量比尺	1
	粒径比尺	1.4
	冲淤时间比尺	60
推移质运动相似	起动流速比尺	10
	断面输沙率比尺	20000
	粒径比尺	14.2
	冲淤时间比尺	130

6.2.2.3 模型测控

模型测控主要包括水流测控、悬移质和推移质测控。水流测控参数包括模型进口断面的流量测量与控制、试验河段水位的测量与控制、断面流速的测量等；悬移质和推移质泥沙测控包括悬移质加沙控制、推移质加沙控制、含沙量测量、颗粒级配测量和床面变形测量等。

(1) 流量测控。模型建有供水泵房，可按照所需流量调节水泵转速。变频器与计算机之间按规定协议通信，实现远程控制。流量测量采用电磁流量计。流量信息可转换为数字信号直接导入计算机，达到对模型流量的实施监控。模型进口流量精度误差可控制在2%以内。

模型排沙洞和电站流量采用电磁流量计测控，通过人工控制调节电磁流量计至目标流量值。坝身底孔经泄流校核后按自由出流并结合坝前水位进行流量控制。

(2) 加沙测控。模型建有供沙系统泵房，螺杆泵变频调速控制系统是根据所需加沙量的大小调节泵的输出流量，单向输送模型沙。原型悬移质按粒径比尺缩放后根据级配进行配比，将选配好的模型沙按配沙浓度预先在搅拌池调配好。供沙系统运行前，对螺杆泵的转速与对应于管道出口流量的大小进行率定，以确定不同转速时的出流流量大小。供沙系统工作时，由计算机发送转速控制信号，手动时由变频器控制面板输入，以给定的目标控制模型进口加沙量。

原型推移质按粒径比尺缩放后根据级配进行配比。推移质加沙采用人工进行，通过控制每分钟加沙总量控制推移质加沙率。

（3）水位测控。采用水位测针测量沿程水位。采用翻转式尾门利用水位测量结果调节模型出口断面水位。

水位测针是定型产品，水位测针标尺长度 40cm，测针标尺表面附有游标标尺进行测读，测量读数精度为 0.1mm。水位测针固定在测针筒上方，测针直接测量筒内水面，测针筒与模型通过连通管连接。水位测针使用简单方便、不易损坏。

（4）流速测量。模型采用电阻式旋桨流速仪进行断面流速测量，并用流速仪升降器控制流速测杆入水，以获得不同水深点的流速值。采用北京尚水信息技术股份有限公司的表面流场移动式测量系统（WIM SkyEye - L01C）进行局部河段表面流场测量。

（5）床面变形测量。模型采用法如（FARO）模型地形三维激光扫描采集系统（Faro S350）进行模型干地形测量。采用钢尺进行浅水地形测量。

（6）含沙量和颗粒级配测控。含沙量测量采用烘干称重法和比重瓶置换法进行测量。烘干称重法是抽取一定水体的浑水样品，用过滤纸或纱布过滤后，在烘箱中烘干，再用电子天平称重得到含沙量。比重瓶置换法是用预先率定好的比重瓶灌浑水样，测量水温，再由电子天平称重计算得其含沙量。

颗粒级配采用英国马尔文仪器有限公司激光衍射粒度仪 Mastersizer 3000 进行测量。激光衍射粒度分析仪可实现高度智能化、计算机自动识别分散器，干法、湿法及乳化法均可测量，测量速度快。筛分法主要用于较粗泥沙的颗分，比重计法适用于粒径小于 1mm 的细沙。

6.2.2.4 模型制作与验证

1. 模型制作

根据 2013 年 4 月河道地形图制作定床模型。模型制作采用断面法，共布置 280 个横断面，断面平均间距约为 0.5m。模型高程制作精度在 ±1mm 以内，平面位置误差 ±1cm。根据枢纽设计图纸按几何比尺缩放，采用有机玻璃制作，按设计图纸控制安装至模型（图 6-6）。

(a) 坝区

(b) 电站进水口

图 6-6 枢纽制作与安装

2. 模型验证

模型验证试验内容包括清水验证和浑水验证。模型清水验证，主要进行水面线、流速分布等方面的相似性验证。模型浑水验证，以验证模型泥沙冲淤部位及数量与原形的相似性。

水面线验证主要是通过调整模型糙率和微地形达到不同水位下与原型糙率相似。定床模型采用小砾石在模型河床上加糙。验证水面线分别采用2013年4月18日流量900m³/s实测水面线成果。模型水位误差小于±1mm，模型综合阻力与原型基本相似。

典型断面流速分布验证资料采用2013年4月25日流量990m³/s时三个断面流速分布成果，模型断面各条垂线平均流速与原型接近，相对偏差约在±8%。

依据帕坦（Pattan）水文站实测流量、含沙量控制，模型进口水沙条件采用帕坦（Pattan）水文站过程进行概化，尾门水位依据电厂厂房水位流量关系插补。由于受地形资料的限制，模型浑水验证试验初始地形采用2012年2月实测地形，复演2013年4月部分试验河段地形。2012年至2013年间原型河道断面形态基本维持稳定，河道略有淤积，部分河段岸线有较大调整，模型复演地形与原型泥沙冲淤部分及冲淤厚度基本一致，断面形态较为一致。

6.3 实体模型试验

6.3.1 枢纽运用期水流条件试验

6.3.1.1 试验条件

建库前（天然情况）工程河段共选取4级典型流量作为试验特征流量，分别是820m³/s（多年平均流量）、1200m³/s（电站满发流量）、2460m³/s（2年一遇流量）、6740m³/s（10年一遇流量）和12000m³/s（50年一遇流量）。模型出口（尾门）水位按厂房处的水位流量关系插补成果控制。

枢纽运用期水流试验共选取3级典型流量作为试验特征流量，分别是1200m³/s（电站满发流量，坝前水位461m）、2586m³/s（2个泄洪排沙底孔在水位446m时的最大泄流量）和5193m³/s（枢纽在水位446m时的总泄流量）。

坝前水位和枢纽调度原则按设计要求控制。模型出口（尾门）水位按数模计算成果控制。枢纽运用初期水流试验和枢纽运用20年末水流试验模型出口水位分别采用数模提供的相应时段水位值控制表6-6。

枢纽运用初期（空库）水流试验模型河床地形，采用2013年4月该河段实测地形作为定床模型试验地形。枢纽运用20年末水流试验模型河床地形，采用枢纽运用至20年末坝区河段淤积地形。

卡洛特水电站是以发电为单一任务的发电工程，具有日调节性能，电站不承担下游防洪任务，防洪调度方式采用“敞泄”方式进行调度，调洪原则为：水库调洪起调水位为排沙水位，当入库流量小于或等于库水位相应的泄洪能力时，按入库流量下泄；若入库流量大于库水位相应的泄洪能力时，按泄洪能力下泄。

表 6-6　　水流试验放水要素表

工况	流量/(m³/s)	流量特征	坝前水位/m	坝下游1.6km处水位/m		
				建库前	运用初期（空库）	运用20年末（冲淤平衡）
建库前	820	多年平均		389.40		
	1200	电站满发		390.95		
	2460	2年一遇		394.77		
	6740	10年一遇		402.97		
	12000	50年一遇		410.00		
原推荐方案	1200	电站满发	461		391.13	
	2460	2年一遇	461		394.77	
	2436	泄洪排沙孔最大下泄	446		395.09	
	5043	枢纽最大下泄	446		400.45	
优化方案	1250	电站满发	461		391.13	391.13
	2460	2年一遇	461		394.77	394.77
	2586	冲沙中孔最大下泄	446		395.09	395.09
	5193	枢纽最大下泄	446		400.45	400.45

电站发电调度运行方式：结合水库的排沙要求，水库水位自正常蓄水位降至排沙运行水位（446m）期间，若库水位高于或等于451m，电站正常发电，水库水位低于451m，电站停机；水库水位自排沙运行水位逐步回蓄至正常蓄水位期间，当水库水位高于451m且发电水头大于机组的最小水头时，电站发电运行。

6.3.1.2 试验内容

水流试验主要研究内容：坝区河势变化、坝区水流条件和溢洪道引水渠及电站厂前流速流态。

试验观测项目包括水位、流速、流态、主流线、流场。建库前（天然情况）工程河段布置11个固定断面（流1～流11号），原方案坝前主河道顺水流方向布置5个固定断面（Y1～Y5号），溢流坝段布置3个固定断面（YL1～YL3号）。优化方案坝区上游主河道布置6个固定断面（S1～S6），近坝段主河道布置6个固定断面（J1～J6），用来观测枢纽运用中坝区河段水位，主流线，流速、流态的变化。溢流坝段布置8个固定断面（D1～D8），用来观测溢洪道引水渠和电站厂前水流流态变化。

6.3.1.3 试验成果

1. 坝区河势变化

天然情况工程河段平面形态从上游至下游依次呈顺直形、C形、顺直形和“几”字形，河段内两岸山体陡峻，河谷窄深，水流湍急，横断面均为V形，河势稳定，年际间河道冲淤基本平衡。工程后，枢纽过流较天然情况明显改变，来流主要通过溢洪道和电站下泄，坝区特别是近坝段河道的水流条件和边界条件均发生一定改变，坝区河势发生相应的调整。

坝上游河段（长10km），主要由窄深的峡谷组成。水库蓄水后，坝前水位抬高，原河槽中的两岸滩地和凸岸高滩被淹没，原来控制河势的部分节点失去控制作用，河道由原来的山区性河道转变为峡谷型水库，河道主流线发生一定的摆动，河势产生一定的调整。

试验结果表明，枢纽运用初期：①坝区上游弯道段，长约8km，为窄深弯曲峡谷河段，中枯水河槽河宽60～200m，高水河宽200～350m，河底高程386～408m。河道两岸为中低山，河谷成V形，岸坡陡峻，坡比一般为1∶2～1∶4，最缓处S3断面右岸坡比约为1∶7，岸线对水流的控导作用较强，建库后河道主流线位置与建库前基本相同，河势无明显变化。②坝区近坝段，为河湾上段，长约2km，河谷呈V形，河宽150～350m，河底高程382～388m。河道左岸近岸平均坡度25°～30°，局部38°～42°，高程424～462m，坡顶为宽缓面坡，高程510～600m；右岸河湾地块岸坡上陡下缓，下部坡度25°～35°，上部台阶状陡崖地形。枢纽运用后，中、枯水期坝前水位抬高50～70m，洪水期坝前水位抬高45～50m。由于拦河大坝的修建，使原来走主河道的水流全部通过新建溢洪道下泄，原主河道主流较建库前有较大的调整，坝前主河道形成不同程度的回流缓流区，受水库调度影响溢洪道形成不同的下泄通道。

2. 坝区流速流态变化

坝区上游段流场观测结果表明（图6-7），当中枯水期流量小于等于1200m³/s、坝前正常蓄水位461m时，电厂全开，受蓄水影响，坝区上游段水位较建库前抬高45～55m，水流平顺，主流基本居中下行；当汛期流量2586m³/s，坝前水位446m时，电厂

(a) $H=461$m、$Q=1200$m³/s

(b) $H=446$m、$Q=2586$m³/s

(c) $H=446$m、$Q=5193$m³/s

图6-7　近坝段流态（试验照片）

关闭，冲刷排沙运用和流量 5100m^3/s，坝前水位 446m，枢纽敞泄时，坝区上游段水位较建库前分别抬高 25～40m 和 15～30m，水流平顺，进口顺直段河道主流居中，弯道段主流近凹岸，顺直微弯段主流逐渐过渡居中。

试验观测显示，在不同流量下，坝区上游弯道段均存在缓流回流区，其回流强度随流量的增加而略有增加。枢纽运用 20 年末，坝区上游段的河道流速断面分布与枢纽运用初期基本相似，流速值较运用初期有所增加，主要原因是枢纽运用内河段流速普遍偏小，排沙能力不大，20 年末库区泥沙淤积达到基本平衡时，库区河段产生大量淤积，致使河道过流断面减小，流速增大。

枢纽运不同时期，在汛期流量小于等于 5100m^3/s、坝前水位 446m 和枯水期流量小于等于 1200m^3/s、坝前水位 461m 时，河段流速均远远小于建库前流速，无论汛期还是枯水期水流挟沙能力大为减弱，库区河段将普遍发生大量泥沙淤积。

利用 ADV 高精度声学多普勒流速仪进行坝前不同断面流速横向、垂向分布瞬时流速观测。试验结果表明，枢纽运用初期，受水库蓄水的影响，正常蓄水时近坝段水位较建库前抬高约 70m，冲沙排沙运用期近坝段水位较建库前抬高约 50m，因原主河道被拦河大坝封堵，水流主要通道改为溢洪道泄出，在近坝段形成逆时针方向约 1300m×300m（长×宽）回流缓流区，其流速较建库前极大地减小，水流挟沙能力大为减弱，泥沙将大量落淤。枢纽运用 20 年末，近坝段河道产生大量淤积，淤积后高程在 430m，河道主槽普遍淤厚 30～40m，致使河道过流断面较空库时大为减小，流速显著增大，近坝段的逆时针方向回流缓流区有所收缩。

3. 溢洪道及电站厂前流速流态

因枢纽建设后，原主河道被拦河大坝封堵，水流主要通道改为溢洪道泄出，受水库蓄水影响，正常蓄水期和冲沙运用期溢洪道内水深分别为 30m 和 15m。根据枢纽调度方案，当入库流量小于电厂机组满发流量 1200m^3/s 时，坝前水位维持 461m，由电厂过流；当入库流量大于机组满发流量，但小于 2100m^3/s 时，电厂引水后富余部分流量由冲沙中孔下泄，利用水库调节库容加大泄量排沙；当入库流量大于 2100m^3/s，水库降水位排沙，库水位降至 451m 后，电站停机，库水位降至 446m 后，入库流量大于冲沙中孔泄流量时，开启溢洪道泄流；当入库流量小于 2100m^3/s 后，水库水位逐步回蓄至正常蓄水位 461m。

试验结果表明（图 6－8），枢纽运用初期，当流量为 1200m^3/s、坝前水位 461m 时，溢洪道形成顺时针方向回流缓流区，回流范围为 220m×200m（长×宽），最大表面回流流速 0.43m/s，最大垂线平均流速 0.41m/s，最大底流流速 0.41m/s，厂前进口底流流速 1.37～1.97m/s；当流量为 2586m^3/s、坝前水位 446m 时，溢洪道形成的顺时针方向回流区较 1200m^3/s 时向溢流坝前收缩，回流范围为 86m×120m（长×宽），最大表面回流流速 2.02m/s，垂线平均流速 2.49m/s，底流流速 3.01m/s，厂前同时形成顺时针方向 100m×25m（长×宽）范围的回流区，其最大表面回流流速 0.94m/s，近底流速约 0.81～1.05m/s，而冲沙中孔入口处底流流速约 3m/s；当流量为 5193m^3/s、坝前水位 446m 时，溢洪道未出现回流现象，最大表面流速 2.65m/s，垂线平均流速 2.93m/s，底流流速 3.09m/s，此时，冲沙洞入口底流流速约 3.1m/s，厂前近底流流速为 1.06～1.20m/s。

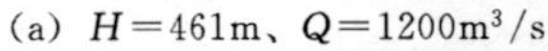

(a) H=461m、Q=1200m^3/s

(b) H=446m、Q=2586m^3/s

(c) H=446m、Q=5193m^3/s

图 6-8　溢洪道流态（试验照片）

枢纽运用20年末，溢洪道内泥沙产生大量淤积，淤积后高程在430～440m，两个主要回流缓流区最大淤厚10～18m，河道过流断面较空库时大为减小，流速显著增大。

综上，枢纽运用不同时期，坝区上游段河势未发生大的变化，河道主流线位置，断面流速分布与建坝前基本相同，局部河段（弯道段）主流略有调整，对主流线的影响范围主要集中在近坝段主河道。究其原因，一是枢纽建设中原主河道被拦河大坝封堵，原主河道基本不过流，水流改为溢洪道泄出，改变了原河道的边界条件，引起河势的调整。二是枢纽建成后，受枢纽调度的影响，溢洪道出流受到人为控制，引起该河段主流走向发生一定变化。

6.3.2　枢纽运用20年系列泥沙淤积试验

6.3.2.1　试验条件

（1）根据一维数模计算结果，卡洛特枢纽运用20年末，坝区河段基本达到冲淤平衡，确定模型放水试验时间为20年。

（2）模型进口的流量、悬移质含沙量、推移质输沙率，悬移质和推移质级配以及模型出口水位均按照一维数学模型计算成果控制。

（3）模型起始地形采用2013年4月卡洛特枢纽坝区河段实测1/500河道地形作为模型试验初始地形，在模型坝址上游9km和坝址下游2.5km皆为定床。

(4) 电站发电调度运行方式：结合水库的排沙要求，水库水位自正常蓄水位降至排沙运行水位（446m）期间，若库水位高于或等于451m，电站正常发电，水库水位低于451m，电站停机；水库水位自排沙运行水位逐步回蓄至正常蓄水位期间，当水库水位高于451m且发电水头大于机组的最小水头时，电站发电运行。水库排沙调度运行方式：当入库流量大于机组满发流量（1200m^3/s），但小于1540m^3/s时，利用水库在461～458m之间的调节库容，集中6个小时加大泄量排沙；当入库流量大于1540m^3/s，但小于2100m^3/s时，利用水库调节库容，一天分两次集中6个小时加大泄量排沙；当入库流量大于2100m^3/s，水库降水位排沙，每天的水位降幅初步按不超过5m控制，水库需3天降至排沙运行水位，当水库水位降至451m后，电站停机排沙；当入库流量小于2100m^3/s后，水库水位逐步回蓄至正常蓄水位461m，回蓄期间每天的水位上涨初步按不超过10m控制。

(5) 模型尾门距坝址下游2.5km，结合坝址和厂房水位流量关系，插补得模型尾门控制水位过程。

(6) 试验过程中，为加快试验进度，将不起造床作用的枯水时段（$Q<500m^3/s$）略去，模型每年实际输沙总量仍与数学模型计算年输沙总量相近。

6.3.2.2 试验内容及方法

1. 试验内容

枢纽20年系列泥沙试验主要研究内容如下：

(1) 枢纽运用不同时期，坝区上游河段泥沙淤积量，淤积分布，河道滩、槽演变规律，河势变化情况。

(2) 枢纽运用不同时期，溢洪道引水渠及电站厂前泥沙淤积情况，冲沙效果，淤积物主要组成，过机泥沙特性等。

2. 试验方法

在整个试验过程中，按设计提供的枢纽调度方案结合一维数学模型计算成果编制模型放水要素表来控制试验：

(1) 流量由电磁流量计控制，逐年逐级释放，流量误差控制在±5%以内。

(2) 模型进口含沙量，采用烘干称重法结合比重瓶法控制。

(3) 整个试验过程中，模型沙粒径由激光颗粒分析仪测定。

(4) 坝前水位由枢纽闸门控制，坝下游水位由模型电动尾门控制。

(5) 模型试验主要观测河床淤积地形，试验测量时间和内容主要有枢纽运用5年末、10年末、15年末和20年末，坝区特别是近坝段河道、溢洪道引水渠及电站厂前淤积地形等。

6.3.2.3 试验成果分析

1. 淤积量

水库蓄水运用后，坝区上游河段受坝前水位抬高，流速减小，河道输沙能力降低的影响，河床呈淤积状态，淤积量随水库运用年限的增加而逐年增大直至淤积平衡。试验中对枢纽运用至第18年末与第20年末的河道淤积地形进行了对比观测，二者已比较接近（增量约为5%），表明枢纽运用至第20年末坝区河段泥沙已基本达到动态平衡。

试验结果表明（表 6－7），枢纽运用 20 年末，坝区河段累积淤积 4782.3 万 m^3，其中，上游段累积淤积 3786 万 m^3、近坝段累积淤积 958 万 m^3、溢洪道引水渠内累积淤积 37.6 万 m^3。

表 6－7　　坝区主河道泥沙淤积量变化表　　单位：万 m^3

枢纽运用时间	坝区上游河段（6.5km）	近坝段（1.65km）	溢洪道引水渠（220m）	全河段（8km）
5 年末	982.5	186.0	7.9	1176.4
10 年末	1783.9	368.6	17.8	2170.3
15 年末	2876.0	731.1	29.1	3636.2
18 年末	3578.5	932.8	35.2	4546.5
20 年末	3786.4	958.3	37.6	4782.3

2. 淤积分布

卡洛特枢纽运用后，坝区主河道受蓄水影响，水位抬高，水流趋于平缓，淤积三角洲从上游逐渐向坝前运动，坝区主河道基本以淤槽为主（平淤），弯道凸岸、高边滩及岸线凹陷的回水沱段也发生一定的淤积，河道滩槽位置与建库前相比未发生大的变化。

淤积横断面变化：上游河段由于河谷狭窄，水深流急，以槽累计平淤为主；河道弯道段河槽累计淤积的同时，边滩也大量淤积；近坝河段水流平缓，以全断面淤积为主。

淤积沿程变化：试验初始阶段（第 1 年至第 5 年）表现为全河段普遍淤积，其中模型进口和坝前段淤积速率较大，河段比降较初始期变化不大；试验中期（第 5 年至第 15 年）表现为全河段累计淤积极大发展，上游段淤积速率明显小于下游段和坝前段，河段比降逐步调平，淤积三角洲逐渐运动至坝前；试验后期（第 15 年至第 20 年），河段淤积速率逐渐减弱，河段比降进一步趋平稳，河段冲淤进入动态平衡。坝区主河道淤积厚度见表 6－8。

表 6－8　　坝区主河道泥沙淤积厚度变化表　　单位：m

枢纽运用时间		坝区上游河段		坝区近坝段（1.65km）		全河段（10km）	
		高边滩	河槽	高边滩	河槽	高边滩	河槽
5 年末	最大值	4.0	18.2	3.0	22.8	4.0	22.8
	平均值	0.6	6.6	0.4	7.3	0.5	7.1
10 年末	最大值	9.0	30.5	5.7	30.6	9.0	30.6
	平均值	0.95	13.2	0.95	11.3	0.95	12.4
15 年末	最大值	13.1	39.2	9.3	46.5	13.1	46.5
	平均值	2.0	20.3	1.8	21.0	1.9	20.9
20 年末	最大值	15.7	41.3	12.3	51.7	15.7	51.7
	平均值	3.2	26.1	3.3	27.6	3.2	27.4

注　表中河槽淤积最大值为断面深泓位置，平均值为 430m 高程河宽；高边滩为两岸 430m 高程以上。

3. 溢洪道进水渠

枢纽运用后，溢洪道成为水流下泄主要通道。从平面分布来看，水流进入溢洪道后，在进口处贴右岸，其后，逐步过渡到左岸，从电厂和冲沙洞泄出。枢纽运用期间在溢洪道内形成两处较大的回流缓流区，一处为进口左岸，一处为出口右岸溢流坝附近，该两处也是泥沙大量落淤的区域。另外，随着枢纽运用年限增加，溢洪道主流区逐渐呈累计淤积（图 6-9）。

(a) 枢纽运用 5 年末

(b) 枢纽运用 10 年末

(c) 枢纽运用 15 年末

(d) 枢纽运用 20 年末

图 6-9 溢洪道泥沙淤积分布（试验照片）

试验表明，随着枢纽运用年限的增加，溢洪道内泥沙累计淤积厚度逐渐增大，溢洪道引水渠泥沙淤积厚度变化见表 6-9。

表 6-9 **溢洪道引水渠泥沙淤积厚度变化表** 单位：m

枢纽运用时间	断面号	电厂进水口（430.5m）		冲沙槽（423m）		溢洪道引水渠（431m）	
		最大值	平均值	最大值	平均值	最大值	平均值
5 年末	D1			2.00	1.78	2.50	1.36
	D2	0.30	0.23	2.30	2.08	2.40	1.40
	D3	0.50	0.37	2.60	2.18	2.50	1.60
	D4	0.40	0.33	2.70	2.54	1.90	1.30
	D5	0.20	0.20	3.30	2.93	2.00	1.71
	D6			3.30	2.82	2.00	1.57
	D7			3.60	3.34	1.90	1.56
	D8			3.10	2.36	1.70	1.27

续表

枢纽运用时间	断面号	电厂进水口（430.5m）		冲沙槽（423m）		溢洪道引水渠（431m）	
		最大值	平均值	最大值	平均值	最大值	平均值
10年末	D1			3.5	3.13	6.1	2.17
	D2	0.3	0.2	2.9	2.9	4.2	2.60
	D3	1.9	0.8	6.6	4.87	4.3	3.45
	D4	0.5	0.3	5	4.25	5.1	3.26
	D5	3.1	1.6	7	4.93	5	3.60
	D6			6.2	4.36	5.1	4.12
	D7			7.3	6.02	7.0	4.39
	D8			7.1	5.45	4.6	3.23
15年末	D1			5.1	4.9	10	3.85
	D2	0.3	0.2	4.9	4.77	6.52	4.36
	D3	1.5	0.7	7.3	6.08	6.5	5.77
	D4	3.2	1.3	7.6	7.15	9.0	5.09
	D5	4.4	3.1	9.6	7.83	7.2	5.98
	D6			10	7.48	8.1	6.69
	D7			13.8	11.58	9.0	6.92
	D8			14	12.35	8.3	6.6
20年末	D1			8.2	7.5	11.6	4.81
	D2	0.7	0.55	7.5	7.13	9.62	6
	D3	2.3	1.0	7.8	7.13	8.7	7.97
	D4	3.6	1.47	9.9	9.25	11.1	6.52
	D5	7.1	4.83	12.6	10.75	8.7	7.78
	D6			12.9	11.08	10.7	8.48
	D7			15.9	15.36	11.8	8.81
	D8			18.8	17.38	11	8.36

4. 厂前

电站进水口利用溢洪道引水渠引水。进水口位于溢洪道引水渠左侧岸坡。电站进水口的引水渠沿冲沙槽在428.50m高程布置拦沙坎，拦沙坎顶高程440.00m，拦沙坎与进水塔相距12～23m。拦沙坎的设置一方面可以起屏障作用，拦蓄推移质；另一方面使得电站进水口440m高程以下形成屏蔽区，使得悬移质越过拦沙坎后引起进水口淤积，长期运用可能将影响电站取水。

试验表明（图6-10、表6-10），枢纽运用20年末，电站厂前7～12m范围泥沙有少量淤积，主要淤积部位为拦沙坎附近区域。电站1号机组前泥沙累计最大淤厚约10m，淤积后高程为440.5m，且淤积物前缘距进水口约为7m，坡比约为1：3；2号机组前泥沙累计最大淤厚约7.8m，淤积后高程为438.3m，且淤积物前缘距进水口约为9m，坡比约为

1∶5；3号机组前泥沙累计最大淤厚约2.5m，淤积后高程为433.0m，且淤积物前缘距进水口约为12m，坡比约为1∶3；4号机组前泥沙有少量淤积，淤厚约1.2m。电厂进水口区纵向坡比约为1∶8～1∶10。从试验结果来看，基本可保证电站取水，但厂前一定区域的泥沙淤积问题应给予重视。

(a) 枢纽运用5年末

(b) 枢纽运用10年末

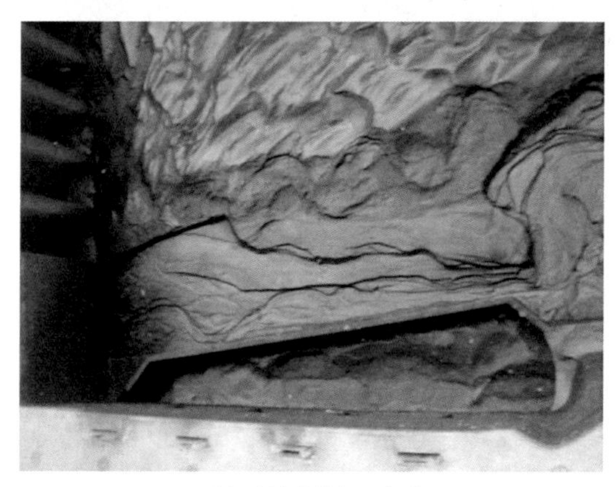
(c) 枢纽运用15年末

(d) 枢纽运用20年末

图6-10 电站进口泥沙淤积分布（试验照片）

5. 过机含沙量和粒径

水库蓄水后，坝前水位抬高，进入坝区泥沙主要为悬移质。坝前水流的悬移质含沙量与粒径，在横向分布上为中间稍大两侧较小，在垂线分布上为底部略大于上层，但由于坝前水流紊动较强，因此这种差异不明显。模型试验表明，枢纽运用后，进入坝区河段的泥沙主要是悬移质，通过电厂机组的水流含沙量和粒径变化随枢纽运用年限的增加而变化。

试验期间，根据电站发电调度运行方式，水库正常蓄水期（461m），流量平均为 $800m^3/s$，模型进口水流含沙量平均为 $0.63kg/m^3$，通过电厂机组的水流含沙量约为 $0.05kg/m^3$ 以下；汛前降水排沙过程和汛后蓄水发过程期间，流量平均为 $2060m^3/s$，模型进口水流含沙量平均为 $1.81kg/m^3$，通过电厂机组的水流含沙量约为 $1.2kg/m^3$ 以下。

表 6-10　　厂前淤积高程　　单位：m

厂前距离	枢纽运用时间	机组号			
		1号	2号	3号	4号
10m	5年末	430.7	430.9	431.0	430.5
	10年末	432.0	433.0	431.5	430.8
	15年末	434.4	434.1	432.0	431.2
	20年末	435.8	434.4	432.2	431.5
12～23m	5年末	431.0	431.2	431.2	431.2
	10年末	431.7	431.4	431.3	431.3
	15年末	435.4	433.3	432.8	431.5
	20年末	440.5	438.3	433.0	431.7

注　机组编号从上游至下游。

枢纽运用第1年（中水大沙年），在流量2844m^3/s、坝前水位446m（电站停机冲沙）条件下，模型进口水流含沙量为2.594kg/m^3，泥沙中值粒径为0.00642mm（原型值为0.0090mm）；电站引水口内水流含沙量为2.602kg/m^3，泥沙中值粒径为0.00648mm（原型值为0.0091mm）；通过冲沙洞的水流含沙量为2.622kg/m^3，泥沙中值粒径为0.00655mm（原型值为0.0092mm）。

枢纽运用第3年（大水大沙年），在流量为2622m^3/s、2508m^3/s，坝前水位446m（电站停机冲沙）条件下，模型进口水流含沙量为2.692～2.727kg/m^3，泥沙中值粒径为0.00779～0.01142mm（原型值为0.0109～0.0160mm）；电站引水口内的水流含沙量为2.632～2.751kg/m^3，泥沙中值粒径为0.00647～0.00736mm（原型值为0.0091～0.0103mm）；通过冲沙洞的水流含沙量为2.625～2.722kg/m^3，泥沙中值粒径为0.00684～0.00688mm（原型值为0.0095～0.0096mm）。

枢纽运用第6年（大水大沙年），在流量为2494m^3/s、坝前水位446m（电站停机冲沙）条件下，模型进口水流含沙量为3.45kg/m^3，泥沙中值粒径为0.01117mm（原型值为0.0156mm）；电站引水口内的水流含沙量为3.492kg/m^3，泥沙中值粒径为0.0111mm（原型值为0.0155mm）；通过冲沙洞的水流含沙量为3.55kg/m^3，泥沙中值粒径为0.00971mm（原型值为0.0136mm）。

枢纽运用第7年（大水大沙年），流量为1995～2480m^3/s，坝前水位446m（电站停机冲沙）条件下，模型进口水流含沙量为1.785～2.34kg/m^3，泥沙中值粒径为0.00674～0.00978mm（原型值为0.0094～0.0137mm）；电站引水口内的水流含沙量为1.652～2.3751kg/m^3，泥沙中值粒径为0.00726～0.00783mm（原型值为0.0102～0.0110mm）；通过冲沙洞的水流含沙量为1.632～2.352kg/m^3，泥沙中值粒径为0.00728～0.00997mm（原型值为0.0136～0.0140mm）。

枢纽运用第10年（中水大沙年），在流量2468m^3/s、坝前水位446m（电站停机冲沙）条件下，模型进口水流含沙量为2.91kg/m^3，泥沙中值粒径为0.00642mm（原型值为0.0090mm）；电站引水口内的水流含沙量为2.985kg/m^3，泥沙中值粒径为0.00592mm（原型值为0.0083mm）；通过冲沙洞的水流含沙量为2.872kg/m^3，泥沙中值粒径为0.00582mm（原型值为0.0082mm）。

枢纽运用第11年（中水大沙年），在流量2196m³/s、坝前水位446m（电站停机冲沙）条件下，模型进口水流含沙量为2.218kg/m³，泥沙中值粒径为0.008475mm（原型值为0.0119mm）；电站引水口内的水流含沙量为2.425kg/m³，泥沙中值粒径为0.01363mm（原型值为0.0191mm）；通过冲沙洞的水流含沙量为2.513kg/m³，泥沙中值粒径为0.01329mm（原型值为0.0186mm）。

枢纽运用第13年（大水大沙年），在流量2208m³/s、坝前水位446m（电站停机冲沙）条件下，模型进口水流含沙量为1.949kg/m³，泥沙中值粒径为0.02245mm（原型值为0.03143mm）；电站引水口内的水流含沙量为1.912kg/m³，泥沙中值粒径为0.01422mm（原型值为0.01990mm）；通过冲沙洞的水流含沙量为1.865kg/m³，泥沙中值粒径为0.01324mm（原型值为0.0185mm）。

枢纽运用第15年（小水小沙年），在流量1598m³/s、坝前水位461m条件下，模型进口水流含沙量为1.718kg/m³，泥沙中值粒径为0.00999mm（原型值为0.01399mm）；电站引水口内的水流含沙量为1.523kg/m³，泥沙中值粒径为0.0068mm（原型值为0.0095mm）；通过冲沙洞的水流含沙量为1.618kg/m³，泥沙中值粒径为0.0068mm（原型值为0.0095mm）。

枢纽运用第17年（大水大沙年），流量为1995～2480m³/s，坝前水位446m（电站停机冲沙）条件下，模型进口水流含沙量为1.767～2.112kg/m³，泥沙中值粒径为0.010～0.014mm（原型值为0.0140～0.0196mm）；电站引水口内的水流含沙量为1.772～2.321kg/m³，泥沙中值粒径为0.093～0.014mm（原型值为0.0130～0.0196mm）；通过冲沙洞的水流含沙量为1.543～2.458kg/m³，泥沙中值粒径为0.0110～0.0117mm（原型值为0.0154～0.0164mm）。

枢纽运用第20年（中水大沙年），流量为2281～2468m³/s，坝前水位446m（电站停机冲沙）条件下，模型进口水流含沙量为2.643～2.780kg/m³，泥沙中值粒径为0.0094～0.012mm（原型值为0.0132～0.0168mm）；电站引水口内的水流含沙量为2.543～2.795kg/m³，泥沙中值粒径为0.00877～0.010mm（原型值为0.0123～0.014mm）；通过冲沙洞的水流含沙量为2.451～2.791kg/m³，泥沙中值粒径为0.00874～0.00900mm（原型值为0.0122～0.0126mm）。

6.3.3 示踪试验

枢纽建成蓄水后，坝区上游河段水深增加、流速减小，河道将产生以淤积为主的再造床过程。为定性研究建库后坝区河段卵石推移质运动特性，在系列水文年淤积试验期间和坝区地形冲淤相对平衡后进行了卵石推移质示踪试验。主要观测：①电站厂前卵石推移质淤积情况及拦沙坎拦沙效果；②溢洪道泄洪冲沙时通过闸孔的卵石推移质运动情况。

1. 试验条件及方法

根据一维数学模型计算结果，在系列水文年淤积试验期间的汛期在施放悬移质的同时施加卵石推移质，进行示踪试验。

在坝区地形冲淤相对平衡后，依据调度运用方式，施加卵石推移质进行示踪试验，根据以往试验经验，每级流量放水历时为3小时。试验流量为1248m^3/s、2460m^3/s、4660m^3/s、6740m^3/s和12200m^3/s共五级，坝前水位和枢纽运行调度方式按设计要求控制，模型尾门水位按厂址水位流量关系推求成果控制，试验放水要素见表6-11，模型上选用比重为1.33t/m^3的株洲精煤模拟卵石推移质。

表6-11　　卵石推移质示踪试验放水要素表

流量/(m^3/s)	流量特征	坝上水位/m	电厂(4台机组)	冲沙洞(2孔)	溢洪道表孔	尾门水位/m
1248	最大发电	461	全开	关闭	关闭	391.12
2460	$P=50\%$	446	关闭	控泄	关闭	394.77
4660	—	455.66	全开	敞泄	关闭	399.50
6740	—	461	全开	敞泄	控泄	402.97
12200	$P=2\%$	461	全开	敞泄	控泄	410.03

2. 试验成果分析

(1) 系列水文年淤积试验期间，由于上游流量（1500～3400m^3/s）相对较小，施加的砾卵石推移质（粒径大于2mm）基本不发生向下推移运动。

(2) 冲淤相对平衡淤积地形基础上的推移质示踪试验表明在流量小于5000m^3/s，坝区内砾卵石（粒径大于2mm）基本未见向下推移运动；流量大于5000m^3/s，坝区内砾卵石仅有少量向下推移运动，通过溢洪道出库最大粒径为2.5mm（原型值41.75mm）。由于电站拦沙坎的拦蓄作用，电站引水区未见大的砾卵石推移质，电站出口尾水段泥沙淤积最大粒径为0.098mm。

(3) 上述试验成果是在浑水动床下，且悬移质和推移质同时存在，试验期间推移质推移运动的水流强度要求会高些。

6.4 小结与分析

(1) 溢洪道布设在弯道凹岸侧，为主流顶冲位置。模型水流条件试验表明，在高水发电时，坝区河段水面平缓，流速较小，溢洪道进口右岸区域流态较为稳定；当流量逐渐加大，该区域流速逐渐增加，低水冲沙运用时，溢洪道进口右岸顶冲作用明显，近岸流速较大，且水流不畅。为改善溢洪道右岸进口区域的流速流态，减少泥沙淤积，建议在枢纽布置设计中对该区域岸线开挖形态进行优化。

(2) 枢纽电站布置时，需解决好电站取水防沙问题，通常情况下电站取水口应位于弯道的凹岸，引取含沙量较小的水流，同时为充分发挥枢纽泄洪建筑物的排沙作用，电站应尽量布置在泄洪建筑物一侧，使枢纽泄洪时可将电站厂前的泥沙带往下游。该枢纽溢洪道布设在弯道凹岸侧，电站位于溢洪道下游左岸并设置拦沙坎。拦沙坎的设置一方面可以起屏障作用，拦蓄推移质；另一方面使得电站进水口440m高程以下形成一定范围的屏蔽区，使得悬移质越过拦沙坎后引起进水口淤积。模型试验结果表明，电站厂前7～12m范围泥沙微有淤积，主要淤积部位为拦沙坎附近区域，泥沙累计最大淤厚达10m，淤积后高程为 440.5m，且淤积物前缘距进水口最短距离约为 7m。在水库运用 20 年试验期间年内 85％以上的时段电站引水发电，基本可保证电站取水，但厂前一定区域的泥沙淤积问题应给予重视。

（3）枢纽溢洪道布置在河道主流顶冲弯道凹岸，在汛期遭遇大洪水时，在洪水和泥沙的共同作用下可能诱发局部变化，建议给予关注。

第7章

尼泊尔上阿润水电站模型试验

7.1 工程背景

尼泊尔联邦民主共和国是南亚的一个发展中国家。国土面积 147181km^2，2020 年，人口约 3000 万，首都是加德满都。尼泊尔拥有丰富的水资源，众多河流和溪流皆发源于冰川和冰雪湖泊，年平均径流量约为 2250 亿 m^3，水电的理论潜力高达 83000MW。目前，尼泊尔国内装机容量和发电量远远低于基本负荷和峰值负荷的电力需求，特别是在旱季的高峰时段，不得不减载运行。预计尼泊尔电力需求将以每年 10%的速度增长，若不增加发电量，情况将会进一步恶化。在此背景下，尼泊尔电力局（NEA）决定启动上阿润（Upper Arun）水电站项目，该项目获得了世界银行财政援助（信贷编号 5728 - NP），并通过国际招标，采购咨询服务，审查和更新可行性研究。

上阿润水电站（以下简称 UA 水电站）位于喜马拉雅山南坡、尼泊尔东部 Koshi 河流域支流 Arun 河上游，距加德满都直线距离约 220km。Arun 河多年平均流量 217m^3/s，年均径流量 6.85×10^9 m^3，多年平均入库沙量 16.15×10^{6}t，其中悬移质年输沙量 13.81×10^{6}t，推移质 2.43×10^{6}t，悬移质沙量主要集中在每年 6—10 月，汛期沙量占全年 98.84%。多年平均悬移质含沙量 2.013kg/m^3，悬移质中值粒径 0.057mm。

UA 水电站由渠首工程、调峰水库、水道和发电厂设施等组成。坝址在 Arun 河上游 Chepuwa 村附近的 Chepu Khola 下游约 150m 处的狭窄峡谷中，主要由大坝、泄洪排沙设施、电站进水口、排沙洞等组成。发电站位于 Arun 河与 Leksuwa Khola 河交汇处上游约 1.4km 处。调峰水库正常蓄水位 1640m，死水位 1625m，引水发电水头大于 500m，水库库容约 5.07×10^6 m^3，死库容 2.66×10^6 m^3，库沙比约为 0.4。UA 水电站具有“发电水头高、库容小、含沙量较大、泥沙硬度高”等特点，其水库泥沙调度方式和首部工程建筑物布置一直被世行水电专家和项目设计组高度关注。

UA 水电站建成后，将不同程度地抬高坝上游水位，降低河道流速，造成库区泥沙的淤积。由于河流含沙量较大，电站水头较高，如何处理电站泥沙问题，保证电站调峰运行所需日调节库容，保证电站进水口“门前清”和正常取水发电要求，是工程需要研究的重要问题，它直接关系到工程运行后的安全性和综合效益的发挥。因此，通过泥沙模型试验，研究分析库区泥沙淤积量、淤积高程和淤积分布，排沙洞排沙效率，水库敞泄冲沙效果以及电站过机泥沙特性等问题，验证或优化枢纽布置和水库泥沙调度运行方式，为工程设计提供科学依据。

7.2 实体模型设计及方案

7.2.1 工程方案

UA 水电站主要组成部分为渠首工程、发电厂引水道和发电厂。

在 Arun 河上游 Chepuwa 村附近的 Chepu Khola 下游约 150m 处建设渠首工程（图 7-1），渠首工程将由以下结构组成：

（1）一座混凝土重力坝（图 7-2），坝顶高程 1653m，最大高度 100m，坝顶总长度 183m。

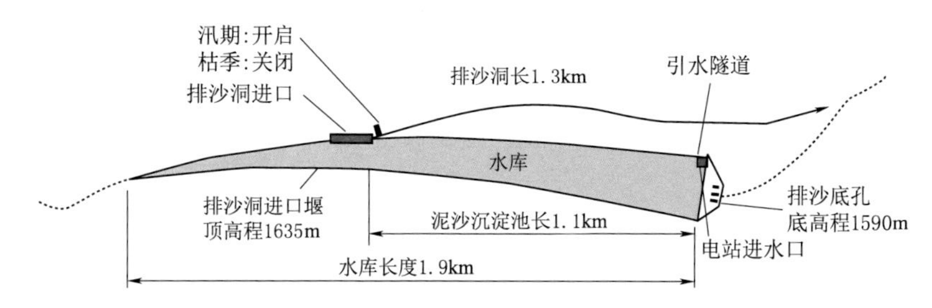

图 7-1 UA 水电站优化渠首工程平面布置示意图

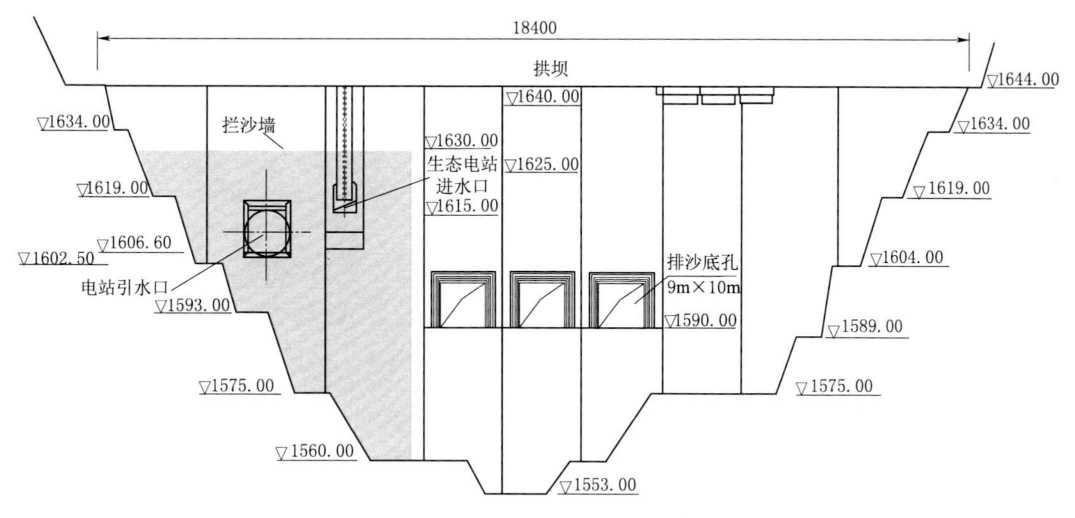

图 7-2 混凝土重力坝上游立视图（单位：高程为 m；尺寸为 cm）

（2）坝体内有 3 个 9m×10m（宽×高）的排沙底孔（Low Level Outlet），底高程 1590m。

（3）自由溢流溢洪道，顶高程 1636m。

（4）大坝左侧的发电进水口，底高程 1606.8m。

（5）生态流量发电站进水口，底高程 1615m，装机容量 2.36MW。

(6) 水库长 1.9km，库区左岸侧排沙洞。

在渠首工程和发电厂之间山体内建设长约 8.6km 发电厂引水道，发电厂引水道包括低压引水隧洞、调压井、竖井和高压隧洞。

在 Arun 河和 Leksuwa 河交汇处上游约 1.4km 处修建可容纳 6 台冲击式水轮机的地下厂房，装机容量为 1040MW，年平均发电量 4531GW·h（包括生态流量电站 18.57GW·h）。

7.2.2 模型设计

7.2.2.1 模拟范围

模型为正态，几何比尺 1∶50。模型比尺按水流运动相似和泥沙运动相似等模型相似律确定。模拟河道长约 2.8km（坝址上游 2.2km，坝址下游 0.6km）。模型布置见图 7-3。

7.2.2.2 模型选沙

图 7-4 为模拟河段实测悬移质泥沙级配曲线，其中值粒径为 0.057mm。试验河段无推移质泥沙观测资料，通过库区河道现场调查取样和分析，图 7-5 为模拟河段实测推移质级配曲线，其中值粒径为 208.7mm。

1. 悬移质

UA 水电站河段河床组成主要为块石和卵石，悬移质泥沙中粒径小于 0.1mm 的泥沙约占全部悬移质泥沙的 70%。参考以往研究经验，悬移质模型沙采用经过筛分、选配的株洲精煤。株洲精煤容重为 1.33t/m^3，干容重为 0.75～0.9t/m^3，悬移质模型沙级配见图 7-6，模型沙 d_{50} 为 0.05mm。同时对张瑞瑾泥沙起动流速公式计算结果与模型沙水槽试验成果比较，所采用模型沙可满足起动相似。

2. 推移质

推移质采用原型沙模拟，模型推移质级配见图 7-7，其 d_{50} 为 4.2mm。

模型几何比尺及模型沙选定后，按相似准则，对各比尺进行计算，模型主要比尺汇总见表 7-1。

7.2.2.3 模型测控

模型测控主要包括水流测控、悬移质和推移质测控。水流测控参数包括模型进口断面的流量测量与控制、试验河段水位的测量与控制、断面流速的测量等；悬移质和推移质泥沙测控包括悬移质加沙控制、推移质加沙控制、含沙量测量、颗粒级配测量和床面变形测量等。详细参见第 6 章 6.2.2.3 小节模型测控内容。

7.2.2.4 模型制作与验证

1. 模型制作

依据 2018 年 9 月 1∶2000 实测河道地形图和断面资料，模型采用断面法进行制作，共布置 109 个横断面，断面平均间距约为 0.6m（图 7-8）。模型高程制作精度在±1mm 以内，平面位置误差±1cm。

UA 水电站设施根据设计图纸按几何比尺缩放，采用有机玻璃制作，按设计图纸控制安装至模型（图 7-9）。

依据模型试验成果，电站进水口和排沙洞进水口布置及结构优化如图 7-10。

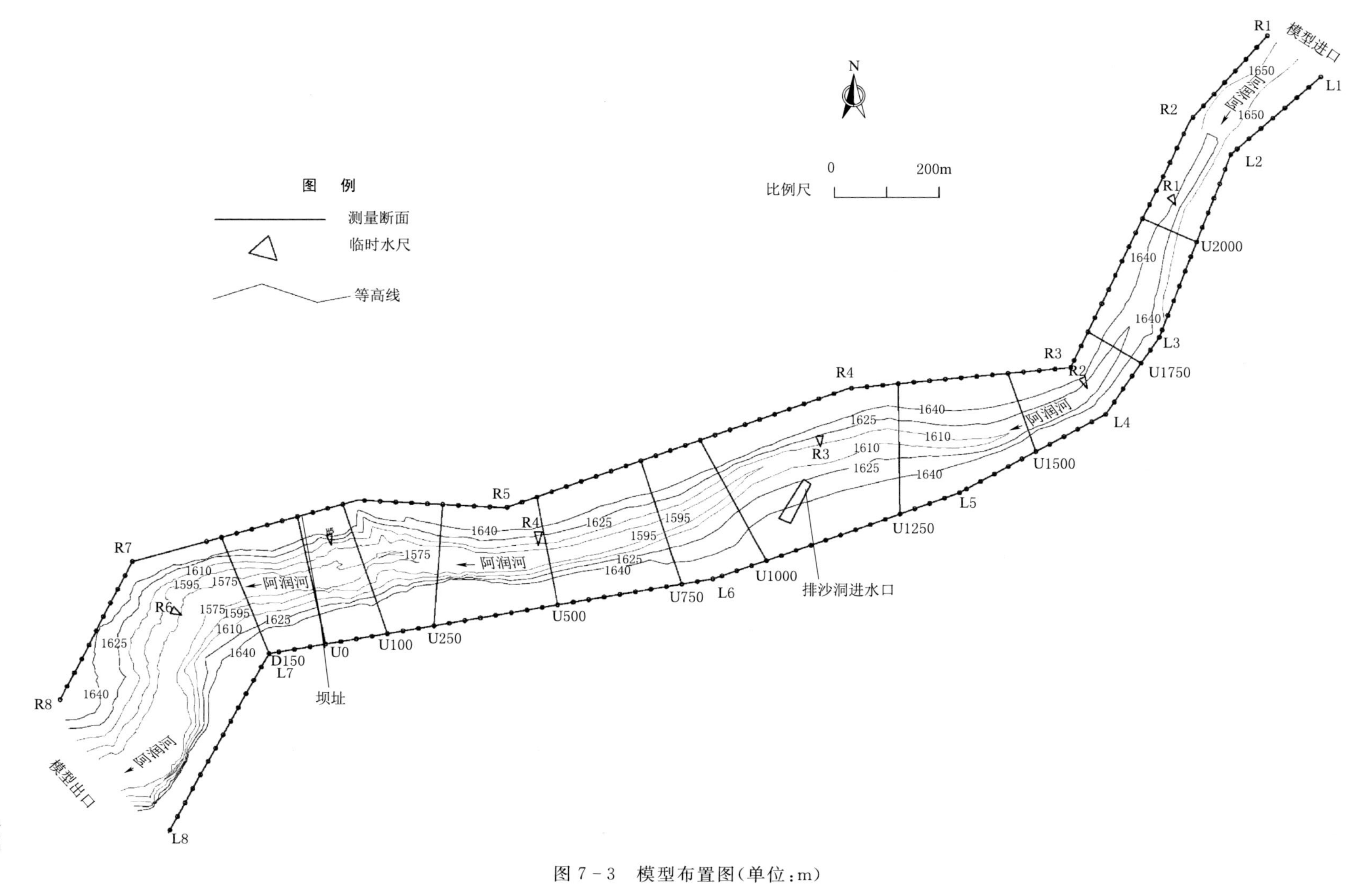

图 7－3 模型布置图(单位:m)

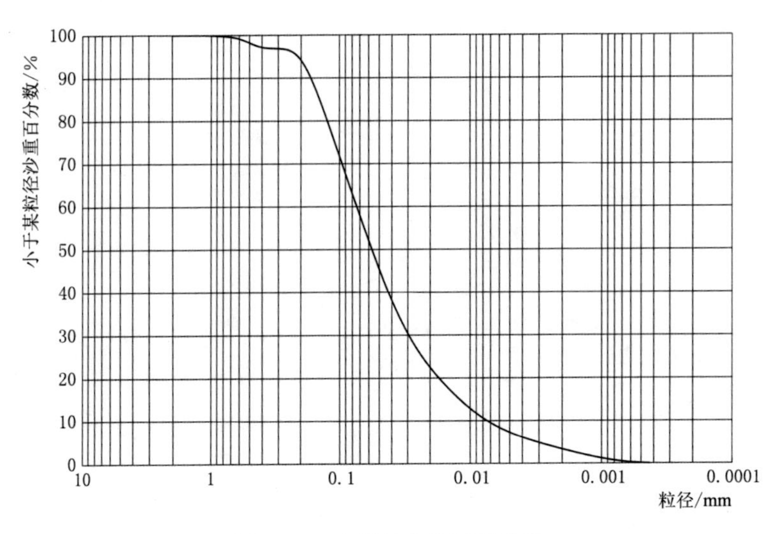

图 7-4 实测悬移质级配曲线

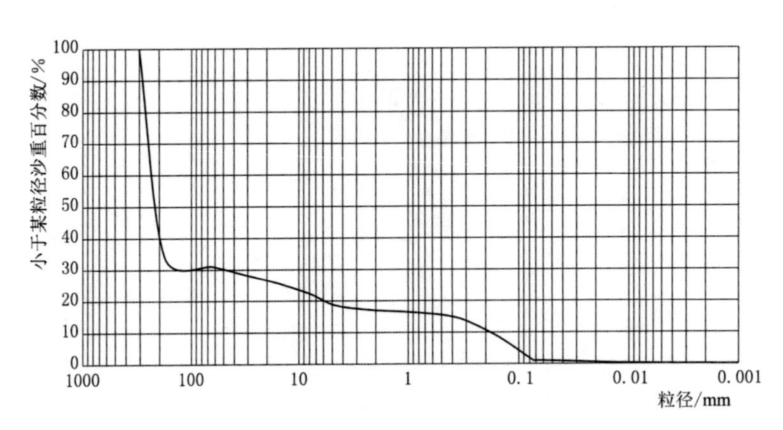

图 7-5 实测推移质级配

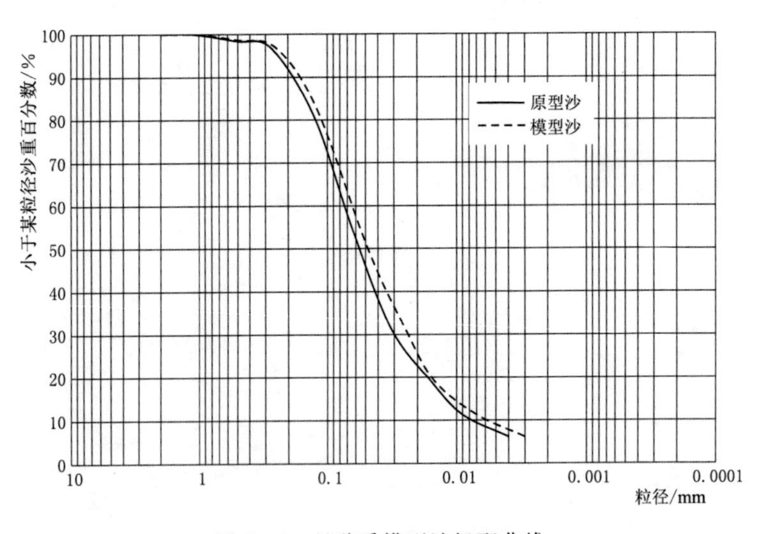

图 7-6 悬移质模型沙级配曲线

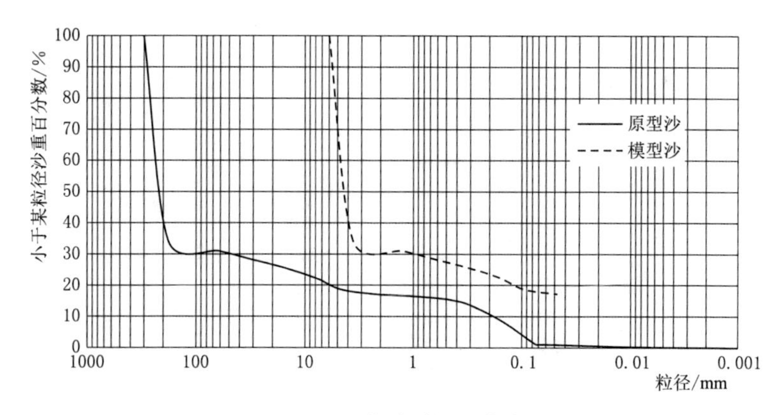

图 7-7 推移质级配曲线

表 7-1 模型比尺表

相似条件	名称	采用比尺值
几何相似	平面比尺	50
	垂直比尺	50
水流运动相似	流速比尺	7.07
	糙率比尺	1.92
	流量比尺	17678
悬移质运动相似	沉速比尺	7.07
	起动流速比尺	6.5～7.9
	含沙量比尺	0.4（计算值）
	粒径比尺	1.2
	冲淤时间比尺	40（计算值）
推移质运动相似	起动流速比尺	7.07
	单宽输沙率比尺	354（计算值）
	粒径比尺	50
	冲淤时间比尺	7.07（计算值）

2. 模型验证

模型试验比较复杂，影响因素很多，模型试验控制因素须依靠验证试验来解决，同时验证试验的目的也是检验模型设计、制模、操作的可靠性和正确性。当某些中、小河流缺乏实测资料，无法在模型试验中提供验证数据和地形，则用公式计算所得各类比尺值进行放水试验，其结果只能供设计或研究作定性参考。

UA水电站位于的尼泊尔东部Arun河沿岸喜马拉雅中高山地区，发育河流河谷多呈V形峡谷，两岸临河山顶高程2000～5000m，河谷岸坡地形陡峻。UA水库区Arun河总体流向自NEE至SWW向，河谷多呈较狭窄V形，水库岸坡地形坡度大多20°～60°，部分地段呈陡崖。河谷两岸未见有明显的阶地，河床见有零星的边滩分布，见图7-11。库区河段坡降2.9‰。

(a) 断面法

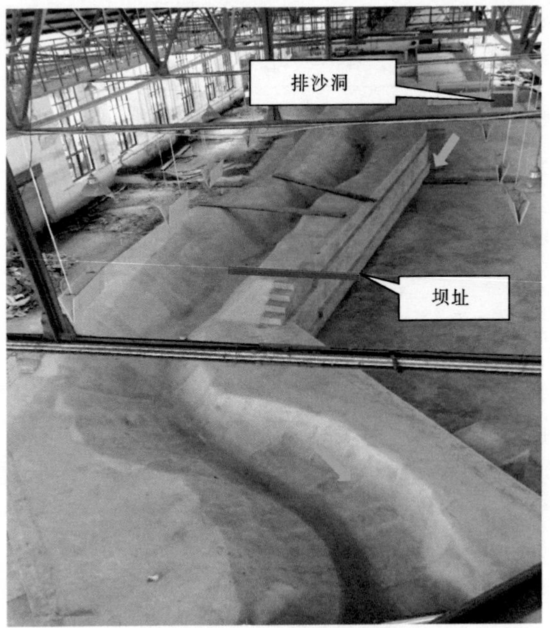

(b) 模型俯视图

图7-8 模型制作

坝体排沙底孔

电站进水口

排沙洞

(a) 主要建(构)筑物制作

图7-9(一) 枢纽制作和安装

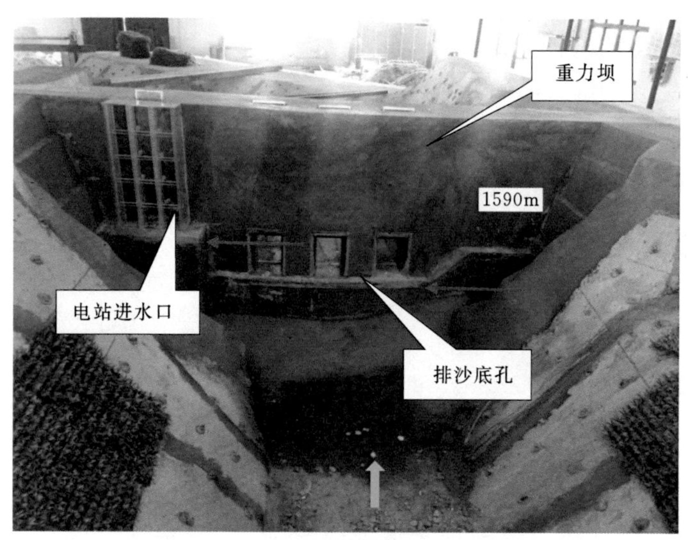

（b）坝体

（c）排沙洞

图 7-9（二） 枢纽制作和安装

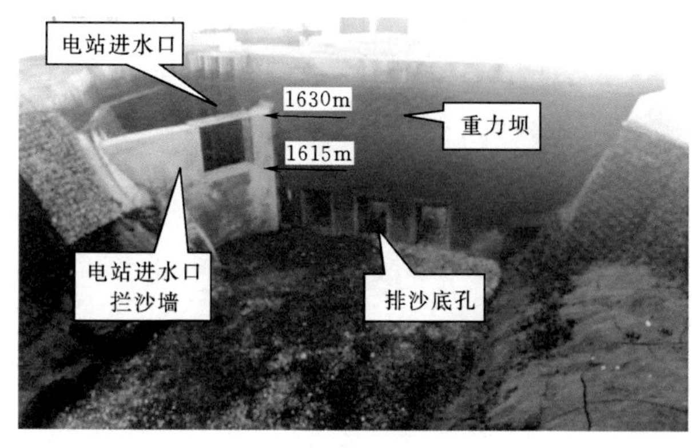

（a）坝体电站引水口优化

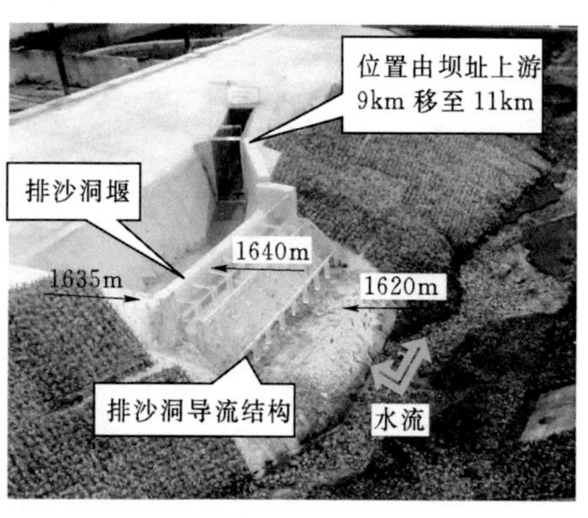

（b）排沙洞结构优化

图 7-10 优化枢纽结构

图 7-11　水库区地形地貌

UA 水电站坝址河段不顺直，上下游均有弯道，河段河床组成主要为块石和卵石。查勘实拍库区河段河道形态见图 7-12。

模型验证试验地形为 2018 年 9 月实测地形，试验河段沿程共布置 6 个临时水位站。根据河段实测水位、流量资料分别进行了 $120m^3/s$ 和常遇洪水 $700m^3/s$ 的水面线验证。模型河床上用直径约为 4cm 的块石进行加糙，通过调整块石疏密来满足各级流量水面线的相似要求。根据实测流量及断面资料，试验河段原型河道糙率取值 0.06～0.12，换算为模型值 0.031～0.063。利用塑料草垫进行加糙，可实现的加糙范围为 0.0274～0.08。模型高程 1570～1644m 的岸坡部分采用密铺塑料草垫的方法加糙以达到与原型阻力相似。

模型水面线验证结果见表 7-2，可以看出各级流量下模型水位与原型水位基本一致，水位偏差小于±0.09m，说明模型阻力与原型基本相似。

图 7-12　河道形态

表 7-2 模型水面线验证表 单位：m

水位站	$Q=120m^3/s$			$Q=700m^3/s$		
	原型	模型	偏差	原型	模型	偏差
临时 1 号	1639.52	1639.48	0.04	1641.30	1641.39	−0.09
临时 2 号	1620.63	1620.62	0.01	1622.68	1622.66	0.02
临时 3 号	1601.46	1601.52	−0.06	1603.98	1603.99	−0.01
临时 4 号	1592.80	1592.75	0.05	1584.23	1584.33	−0.10
临时 5 号	1579.06	1579.07	−0.01	1581.22	1581.31	−0.09
临时 6 号	1566.35	1566.34	0.01	1569.51	1569.52	−0.01

7.3 实体模型试验

水库运行方式对水库泥沙淤积影响较大。初拟水库运行方式为：当入库流量（扣除生态流量）小于可用机组（扣除检修机组）的满发流量时，按照调峰发电方式运行；当入库流量大于等于可用机组的满发流量时，机组满发运行；汛期根据 Arun 河来水来沙情况及水沙特性，在 6—10 月，采用“降水位排沙、排沙洞分沙、敞泄冲沙、停机避沙、耐磨机组”的综合排沙防沙运行方式。具体如下：

（1）汛期：库水位降至排沙水位，据入库流量相继多次开启坝体底孔进行敞泄冲刷（电站、库区左岸侧排沙洞均关闭），冲刷历时 2 天，两次敞泄冲刷间隔 7 天，冲刷间隔期电站满功率发电（流量 $235m^3/s$）、库区左岸侧排沙洞排沙，当 $1050m^3/s$（2 年一遇）小于入库流量，持续敞泄冲刷，其中敞泄冲刷包括由排沙水位降至自由出流、敞泄和回蓄至排沙水位。

（2）枯季：入库流量小于发电引水流量，水库水位维持在 1625～1640m 范围内发电，库区左岸侧排沙洞关闭。

为探寻合理的水库排沙调度方式和优化枢纽布置，模型试验分两阶段进行：第一阶段，依据初拟水库调度方式和一维数学模型计算成果，分别在汛期 1625m 排沙水位和 1635m 排沙水位开展典型水文年水库泥沙淤积试验。第二阶段，基于典型水文年水库泥沙淤积试验分析成果，在优化枢纽布置及结构的情况下，结合水库调度方式开展概化特征流量和优化的排沙调度方式下水库泥沙冲淤特性试验。试验研究成果如下。

7.3.1 初拟布置方案典型水文年库区冲淤试验

7.3.1.1 研究目的及内容

为研究分析初拟水库运行调度方式下库区冲淤规律和汛期敞泄冲刷效果，选取典型水文年进行水库泥沙冲淤试验。主要研究典型水文年内库区泥沙淤积引起的水库几何形态和库容的变化和冲刷对水库库容恢复的影响。具体如下：

(1) 汛期1625m排沙水位和1635m排沙水位;

(2) 库区尤其是坝前和库区左岸侧排沙洞进口的淤积特征(淤积量、淤积高程和淤积分布);

(3) 汛期水库敞泄冲沙效果;

(4) 库区左岸侧排沙洞进口附近的水流特征;

(5) 电站和排沙洞内泥沙特性。

7.3.1.2 试验条件及观测

1. 试验条件

(1) 枢纽布置。库区左岸侧排沙洞进水口位于大坝上游约0.9km处,其底高程1610m,与主流夹角约40°,见7.2.2.4节图7-9(c)。

(2) 选取典型水文年。一维泥沙数学模型计算成果显示,水库运行15年后,泥沙基本达到冲淤相对平衡状态,年内由于发电期淤积和间歇性的停机敞泄冲刷,淤积量存在一定变幅,水库运行期各年年末库区河床深泓变化较小。根据一维泥沙数学模型计算成果,系列年中出现最大淤积量的年份为2000年和1986年。其中,依据调度方式,2000年汛期敞泄冲沙同历年比较相应延后,因此最大淤积量(184.86万m^3)发生突变,而1986年基本同历年调度情况相似,且其最大淤积量(166.88万m^3)为历年较大。为反映调度对库区泥沙淤积的影响,选择1986水文年进行模型试验研究。其中,1986典型调度年为前一年(1985年)汛期敞泄冲沙末至1986年汛期敞泄冲沙末。

(3) 塑造初始地形。试验河段起始地形为2018年9月试验河段实测河道地形,参考一维泥沙数学模型计算的水库运行期年末沿程河床深泓成果,并进行一次敞泄冲沙塑造试验初始地形。

(4) 坝前水位调度按拟定的水库调度运行方式控制,汛期排沙水位分别为1625m和1635m。

2. 试验观测

试验过程中,分别进行5个临时水尺的沿程水位观测,汛期不同流量下排沙洞附近区域流速测量,上一年汛期最后一次敞泄冲沙后、本年内汛期第一次敞泄冲沙前和本年内汛期最后一次敞泄冲沙后的库区典型断面河床变形测量和特征流量下模型进口、排沙洞进口和电站引水进口含沙量取样并进行颗粒分析。

3. 试验成果

对初拟布置方案进行了典型水文年库区泥沙淤积和冲刷试验,分析了两种不同的汛期运行水位(1625m和1635m)。典型水文年采用1985—1986年水文年(一维数值模型模拟确定的运行方案)。

第一次阶段试验表明,库区淤积泥沙可在间歇性敞泄冲刷期间被输移出库,汛期排沙水位可由1625m调至1635m。电站过流泥沙含量较大,库区左岸侧排沙洞进口易受推移质阻塞,电站进水口和排沙洞进水口布置及结构可进一步优化。

(1) 淤积量。对比两个运行水位,在汛初第一次敞泄冲刷之前,运行水位越高,库区最大泥沙累积淤积量越大,详见表7-3。

表 7-3　不同运行水位库区泥沙淤积情况

运行水位/m	淤积量/$10^6 m^3$	库容损失（占总库容百分比）
1625	1.62	32.6%
1635	1.85	37.2%

试验表明：较高水位（1635m）时库区排沙洞排沙效率较低，该运行水位下的泥沙累积淤积增加。经冲刷后，1635m 运行水位以下水库泥沙残留量为 $0.79\times10^6 m^3$，高于 1625m 运行水位下水库泥沙残留量 $0.63\times10^6 m^3$。

（2）沿程淤积。图 7-13 为两个运行水位间歇性敞泄冲刷期初、期末库区淤积深泓变化对比。间歇性敞泄冲刷期初，当水库在 1625m 运行时，推移质主要淤积在大坝上游约 1200m 以上库段，其下库段主要为悬移质淤积区；当运行水位增加到 1635m 时，推移质淤积位置向上提约 200m；两水位运行情况下，悬移质淤积区累积淤积后库区深泓基本一致。间歇性敞泄冲刷期末，坝上游推移质淤积区皆恢复为天然河道状态，近坝段冲刷后河道深泓基本一致。

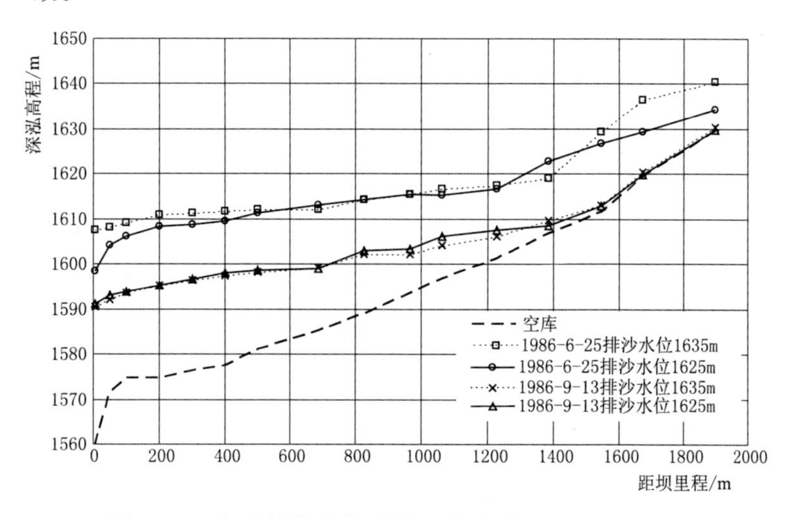

图 7-13　间歇性敞泄冲刷期初、期末库区淤积深泓变化

试验观察，入库悬移质在变动回水区以下沿主槽累积平淤。敞泄冲刷初始，坝前溯源冲刷，库尾推移质逐渐滚动下移沿主槽全断面推移出库；间歇性敞泄冲刷期末，库尾段恢复天然河道，库区弯道段凹岸冲深、凸岸冲刷切割形成高滩，近坝顺直段主槽溯源冲刷，岸坡受冲切割，形成断崖形态。

（3）排沙效果。库区淤积深泓变化和典型横断面变化图表明，水文年内累积间歇性停机敞泄冲沙后库区深泓基本恢复为初始形态，水文年内泥沙平衡，排沙量占入库总量统计结果见表 7-4。

试验中对间歇性敞泄冲刷期间的坝体排沙底孔出库推移质进行取样分析，结果表明，冲刷期末出库推移质输沙率仍远大于入库推移质输沙率。需要指出的是模型敞泄冲沙期间没有模拟降水过程（2.5m/h），另外，每次敞泄冲刷开始前库区要充分蓄水，此时施放的小流量将库尾段前期淤积的推移质三角洲向下游推移，试验的冲刷效果较实际更理想。

表7-4 排沙量占入库总量统计

运行水位/m	1625	1635
排沙洞排沙占入库总量/%	32.82	27.89
电站排沙占入库总量/%	15.18	21.67
坝体底孔排沙占入库总量/%	50.98	49.04
库区排沙占入库总量/%	98.98	98.60

（4）坝前泥沙淤积。试验观察间歇性敞泄冲刷期初，坝身底孔被淤堵，电站进水平台前缘泥沙淤积；敞泄冲刷期间，因电站位于坝左岸凹岸处，冲刷效果不明显。另外，试验中观察底孔敞泄期间有少量卵石落淤。坝前测量成果（表7-5）表明，汛期运行水位越高，库区排沙洞排沙效率降低，导致更多泥沙淤向大坝，坝前泥沙累积淤积量越大。

表7-5 坝前泥沙冲淤变化

运行水位/m	1625	1635
坝体排沙底孔前淤积高程/m	1598.7～1598.9	1608.65
电站进水口前河床淤积高程/m	1602.4	1611.72
电站进水口平台淤积高程/m	1608.65～1609.6	1609.0～1613.05
敞泄冲刷后坝体排沙底孔前淤积高程/m	1591.5～1592.5	1591.4～1593.0
敞泄冲刷后电站进水口前河床淤积高程/m	1600.75	1613.2～1593.6 （向主槽方向形成1：2的陡坡）

（5）排沙洞附近淤积。在1625m排沙水位运行时，排沙洞进口位于水库变动回水区；在1635m排沙水位运行时，排沙洞进口位于水库回水区。两个运行水位下排沙洞进口泥沙淤积高程见表7-6。库区左岸侧排沙洞进口位于水库上游段弯道凸岸，该位置被认为有利于水库排沙。但试验观察，敞泄冲刷初该弯道段凸岸淤积，排沙洞进水口前发生推移质积聚现象。

表7-6 排沙洞附近泥沙冲淤变化

运行水位/m	1625	1635
排沙洞进口前附近河道淤积高程/m	1623.80～1625.00	1626.78～1636.00
排沙洞闸孔前淤积高程/m	1611.3	1614.5

（6）电站和排沙洞过流泥沙特性。汛期1625m排沙水位运用，试验中对不同流量初、末进行了排沙洞出口取样分析，结果表明排沙洞内悬移质含沙量占入库悬移质含沙量平均约90%，最小76.84%，最大约为100%。汛期1635m排沙水位运用，试验中对排沙洞出口取样频次增密，结果表明排沙洞泥沙含沙量占入库泥沙含沙量平均约100%，最小29%，捕捉到突变值1123%。

汛期1635m排沙水位运用，试验中主要对不同流量中期电站引水管内泥沙含沙量和粒径级配进行了取样分析，结果表明，不同流量下过机泥沙中值粒径为0.014～0.021mm，不同流量下电站过机泥沙含沙量为0.7～1.55kg/m^3，电站过机泥沙含沙占入库含沙量的31%～56%。汛期1625m排沙水位运用，对调度年6—9月每1天的含沙量及每10天的粒径级配进行了取样分析，结果表明，电站过机泥沙含沙量占入库泥沙含沙量平均约 67%，最小 14%，捕捉到突变值 318%；6 月电站过机泥沙中值粒径为 0.0199mm；7 月电站过机泥沙中值粒径为 0.0197mm；8 月电站过机泥沙中值粒径为 0.024mm；9 月电站过机泥沙中值粒径为 0.0219mm。

(7) 局部库段水流流态。试验中观察近坝段河道水流流速显著降低，水面呈静水状态，电站引水发电期间电站附近水域水面未出现漩涡等不利流态。

汛期 1625m 排沙水位运用：1625m 发电期间排沙洞处于变动回水区，水流流速变化较大，受库区回水及排沙洞分流影响，排沙洞附近水流紊乱，上游因淤积地形变化影响，表面流速较大，下游主河道表面流速逐渐减少，随着排沙洞分流的逐步增大，排沙洞进口表面流速也逐渐增大；排沙洞分流时上游主河道水流沿 SBT 左岸侧进入排沙洞口门后与下游主河道内顺时针绕过右岸侧的水流汇流后在闸门前水面形成顺时针环流；排沙洞为侧向引水，闸门前时有漩涡出现。

汛期 1635m 排沙水位运用：1635m 发电期间排沙洞处于常年回水区缓流区，河道流速较小，排沙洞附近水深 25m，且为侧向引水，闸门前有漩涡；表面流场测试结果显示，入库流量较大时，排沙洞进口前端库区河道形成顺时针缓流，入库流量减少时，排沙洞上游近左岸侧又形成一定范围的顺时针缓流。

7.3.2 优化布置方案概化水文条件试验

7.3.2.1 试验条件及观测

(1) 优化枢纽布置。库区左岸侧排沙洞进水口调整至大坝上游约 1.1km 处，结构优化，增设导流装置，允许模型在有条件和无条件下进行试验；电站引水口前增设拦沙墙，从水库上部取水。

(2) 试验条件。入库典型流量选取：通过对 39 年水文数据分析，模型分别采用 1050m^3/s、750m^3/s 和 500m^3/s 作为典型入库流量（表 7-7），其中入库流量 1050m^3/s 和 750m^3/s 与 1988 年汛期情况相似，500m^3/s 为多年平均。模型还采用入库流量 300m^3/s、500m^3/s 和 700m^3/s 和较短持续时间（1 天）作为敞泄冲刷条件。

选择典型流量级，并结合水库调度运用方式，开展典型流量泥沙淤积和冲刷试验。

表 7-7 典型流量泥沙淤积冲刷试验要素表

运行时间/天	进口条件			排沙洞排沙流量/(m^3/s)	电站引水流量/(m^3/s)	运行水位/m
	流量/(m^3/s)	含沙量/(kg/m^3)	推移质输沙率/(kg/s)			
14	500	2.02	171.70	265	235	1637.93
1	300	3.48	414.12	—	—	敞泄
14	750	3.89	495.98	515	235	1638.91
1	500	2.02	171.70	—	—	敞泄
14	1050	6.698	1195.59	815	235	1639.98
2	700	3.48	414.12	—	—	敞泄

7.3.2.2 试验成果分析

优化布置方案包括对电站进水口的修改（增设拦沙墙）和排沙洞进水口位置调整及结构修改。

1. 泥沙特性认知测试

试验工况：试验1号，正常蓄水位、电站满发、排沙洞不运用、坝体底孔控泄，与试验2号和试验3号对比；试验2号，正常蓄水位、电站满发、排沙洞导流结构排沙；试验3号，正常蓄水位、电站满发、排沙洞无导流结构排沙。不同工况下电站进水口含沙量成果见表7-8。不同工况下库区排沙输沙率占入库输沙率百分比见表7-9。

表7-8　不同工况下电站进水口含沙量成果

条　件	电站含沙量		
	$500m^3/s$	$750m^3/s$	$1050m^3/s$
①无排沙洞/(kg/m^3)	1.01	2.57	5.02
②排沙洞带导流结构/(kg/m^3)	0.74	2.35	4.76
③排沙洞无导流结构/(kg/m^3)	0.77	2.51	4.82
②/①	0.73	0.91	0.95
③/②	1.04	1.07	1.01

对于粗颗粒（0.0625～0.5mm）的排沙效率：在入库流量$500m^3/s$和$750m^3/s$时，排沙洞带导流结构与不带导流结构相比，出库泥沙排沙效率提高，电站进水口排沙效率降低；在入库流量$1050m^3/s$时，带导流板的SBT无导流的总释放效率显著提高，无导流时取水口的释放效率也显著提高。

表7-9　不同工况下库区排沙输沙率占入库输沙率百分比

条　件	不同入库流量排沙率与比值					
	$500m^3/s$		$750m^3/s$		$1050m^3/s$	
	总量	电站	总量	电站	总量	电站
①无排沙洞	53.67%	23.5%	70.13%	20.7%	93.26%	16.77%
②排沙洞带导流结构	65.23%	17.22%	77.36%	18.93%	80.34%	15.91%
③排沙洞无导流结构	62.26%	17.92%	76.53%	20.22%	79.03%	16.11%
②/①	1.22	0.73	1.10	0.91	0.86	0.95
③/②	0.95	1.04	0.99	1.07	0.98	1.01

2. 淤积量

针对排沙洞带导结构进行了典型入库流量$500m^3/s$、$750m^3/s$和$1050m^3/s$运行14天库区淤积，期末进行了库区河段全断面测量，结果（与初始比较）统计见表7-10。

试验结果表明，典型入库流量$500m^3/s$、$750m^3/s$和$1050m^3/s$运行14天末，库区分别淤积了$0.28\times10^6m^3$、$0.84\times10^6m^3$和$1.78\times10^6m^3$，库容损失分别为5.5%、16.6%和35.1%。

表 7-10 水库泥沙淤积量 单位：10^6m^3

条 件	冲淤量	库容损失（占总库容百分比）	备 注
500m³/s，14 天发电运行	0.28	5.5%	
300m³/s，敞泄冲刷 1 天	−0.13		
750m³/s，14 天发电运行	0.84	19.5%	
500m³/s，敞泄冲刷 1 天	−0.55		
1050m³/s，14 天发电运行	1.78	35.1%	排沙洞导流结构被淤积
700m³/s，敞泄冲刷 1 天	−1.33		排沙洞导流结构被淤积
700m³/s，敞泄冲刷 2 天	−0.40		排沙洞导流结构被淤积

3. 沿程淤积

图 7-14 为库区淤积深泓纵剖面变化图。典型入库流量 500m³/s、750m³/s 和 1050m³/s 运行 14 天后，入库推移质洲头分别运动至坝前 1.7km、1.4km 和 1.2km 附近，三角洲表面由粗推移质组成，到达排沙洞进口区域；入库悬移质泥沙经排沙洞分沙后向坝前沿程累积淤积，坝前 1km 河道深泓淤积纵剖面相对平缓；沿程由库尾至坝前泥沙淤积深度为 20m 以上。

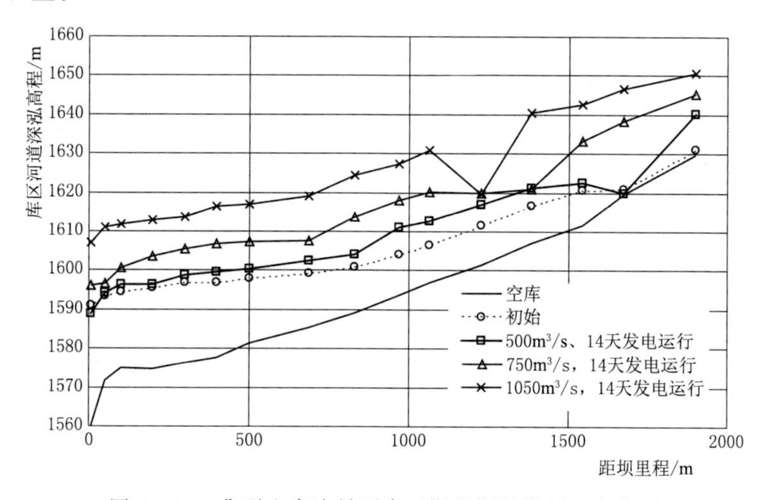

图 7-14 典型入库流量下库区淤积深泓纵剖面变化图

4. 典型横断面淤积

3 个典型入库流量运行 14 天末期，近坝段（坝前 5m）河床最大累积淤积高程 1611.4m；1 号、2 号和 3 号底孔前最大淤厚 51.4m；电站进水平台前累积淤积高程至 1609.65～1607.17m。见表 7-11 和图 7-15、图 7-16。

表 7-11 坝前冲淤变化

条 件	坝前累积淤积高程/m	电站进水口前累积淤积高程/m
500m³/s，14 天发电运行	1592.65～1590.15	1590.9
750m³/s，14 天发电运行	1596.75	1596.4
1050m³/s，14 天发电运行	1611.4	1609.65～1607.17
700m³/s，敞泄冲刷 2 天	1592.9～1593.96	1609.65～1607.17

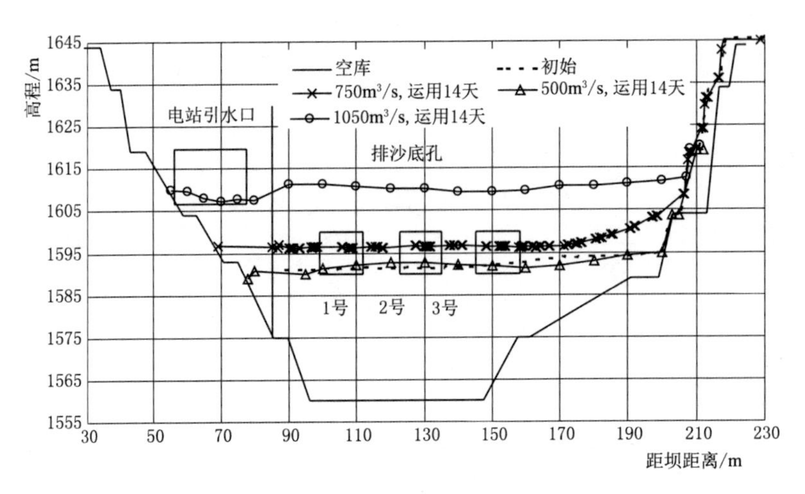

图 7-15　坝前横断面淤积分布（距坝 5m）

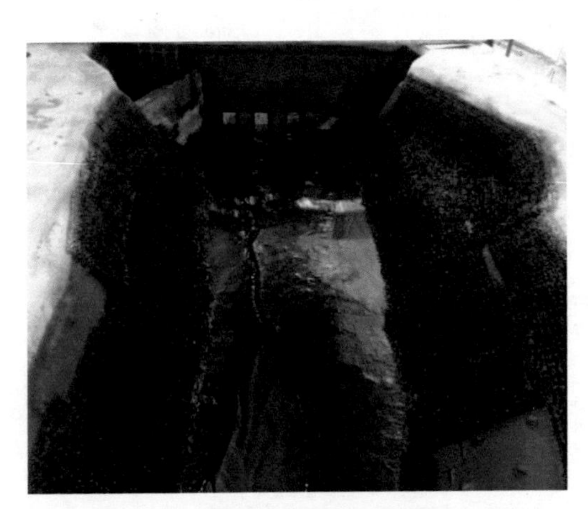

(a) 流量 $500m^3/s$，坝前淤积

(b) 流量 $750m^3/s$，坝前淤积

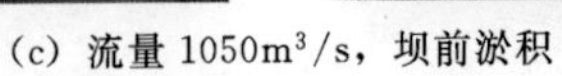

(c) 流量 $1050m^3/s$，坝前淤积

图 7-16　坝前淤积形态图（试验照片）

3个典型入库流量运行14天末期，排沙洞附近主河道右岸累积最大淤积至高程1632.75m，至中部淤积至高程1624.28～1631.51m，排沙洞进口前端最大淤积至高程1625m，排沙洞测道内基本未泥沙淤积。试验成果见图7-17、图7-18。

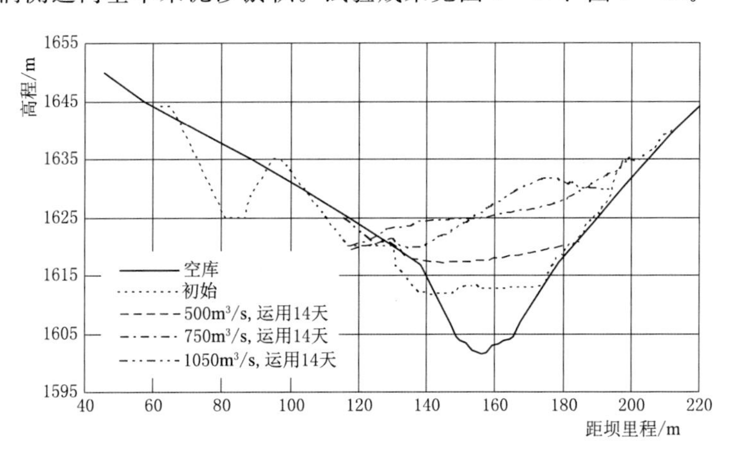

图7-17 排沙洞附近横断面淤积分布（距坝1226m）

(a) 流量500m³/s

(b) 流量750m³/s

(c) 流量1050m³/s

图7-18 排沙洞附近淤积形态图（试验照片）

试验成果表明（图7-19、图7-20），入库流量$500m^3/s$运行14天后，库尾段累积淤积至高程1643～1622m；入库流量$750m^3/s$运行14天后，库尾段累积淤积至高程1648.5～1629m；入库流量$1050m^3/s$运行14天后，库尾段累积淤积至高程1653～1642m。

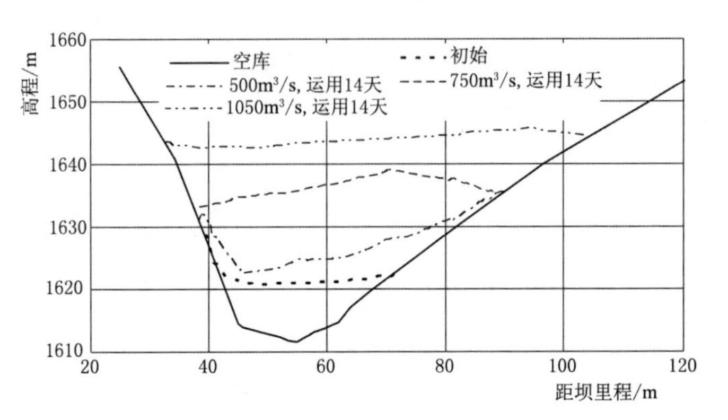

图7-19 库尾横断面淤积分布图（距坝1544m）

(a) 流量$500m^3/s$

(b) 流量$750m^3/s$

(c) 流量$1050m^3/s$

图7-20 库尾淤积形态图（试验照片）

5. 冲刷效果

试验中对典型入库流量 300m³/s、500m³/s 敞泄冲刷运行 1 天末和 700m³/s 敞泄冲刷运行 1 天，2 天末进行了库区河段全断面测量，结果统计见表 7-10。试验结果表明，以 700m³/s 冲刷两天，可去除 62%的库区淤积物，并且在试验结束时，大量淤积物正在不断地被冲出水库。

典型入库敞泄冲刷流量 300m³/s 运行 1 天后，库尾段（距坝 1.5km）和坝前段（坝前 500m）基本恢复为初始状态，库区中段较试验初始地形有所淤高，淤厚 0.5～5m；典型敞泄冲刷流量 500m³/s 运行 1 天和 700m³/s 运行 2 天后（图 7-21、图 7-22），库区河道深泓较试验初始普遍淤高，淤厚 1.7～8.6m。

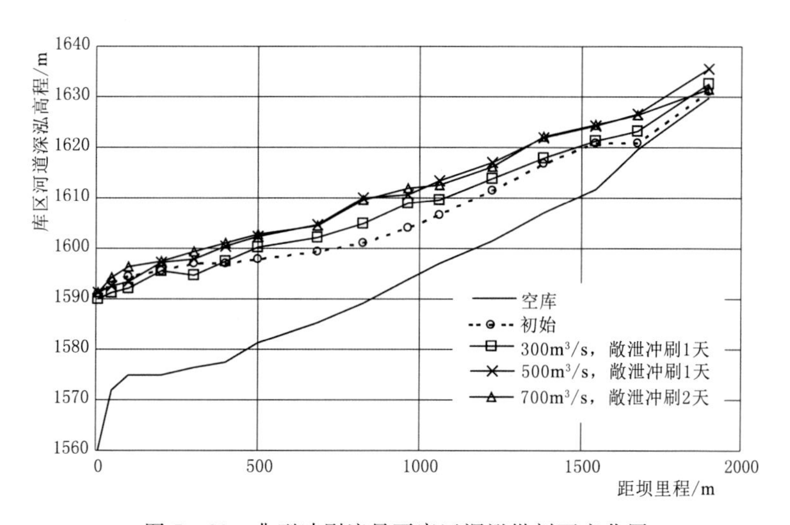

图 7-21　典型冲刷流量下库区深泓纵剖面变化图

(a) 流量 700m³/s，坝前冲刷

(b) 流量 700m³/s，排沙洞附近冲刷

图 7-22　敞泄冲刷期间河道形态图（试验照片）

经过 3 个典型冲刷流量运用后（图 7-23 和图 7-24），近坝段（坝前 5m）河床断面高程为 1592.9～1593.96m；1 号底孔前高程为 1593.45m，2 号底孔前高程为 1593.31m，

3号底孔前最大淤积高程为1593.75m；电站进水平台前河床高程为1609.65～1607.17m，基本为平淤。排沙洞附近主河道较试验初始地形淤高5.6～6.94m，在300m³/s和500m³/s冲刷1天后，排沙洞前端1620m平台泥沙冲刷出库，在700m³/s冲刷过程中，受水流挤压，排沙洞前端1620m平台出现推移质沙坎，最大高程至1628.59m。

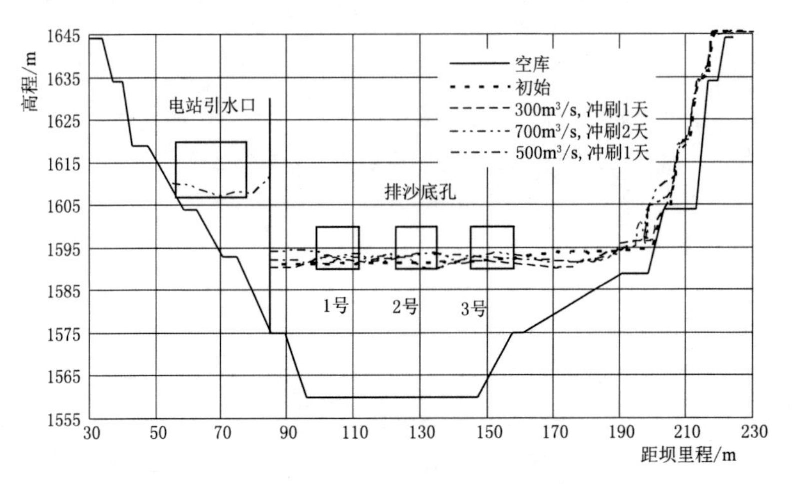

图7-23 坝前横断面冲淤分布（距坝5m）

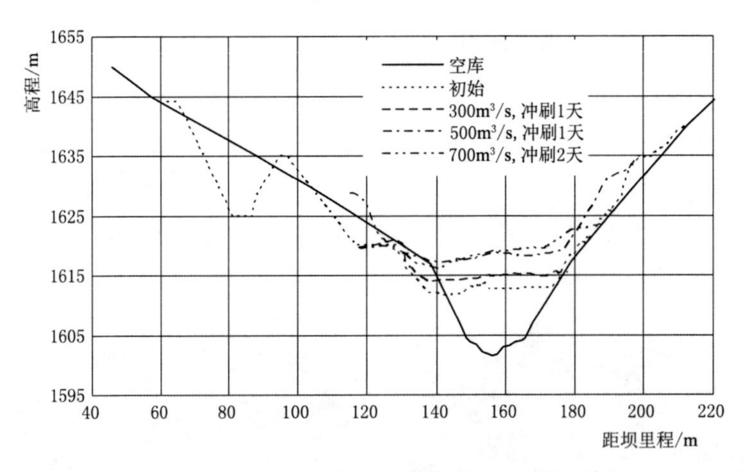

图7-24 排沙洞附近横断面冲淤分布（距坝1226m）

3个典型流量运行14天期间，排沙洞、电站排沙率统计见表7-12；3个典型冲刷流量运用后，冲刷效果统计见表7-13。

表7-12 典型流量运行14天期间排沙率统计

排沙效果/(m³/s)	500	750	1050
排沙洞排沙率/%	35.0	57.8	66.0
电站排沙率/%	25.4	21.4	17.9
电站进水口排沙率（d>0.125mm)/%	2.2	4.0	2.3
总排沙率/%	60.4	79.2	83.9

表 7-13　　典型冲刷流量运行后排沙效果统计

典型冲沙流量	排沙效果/%	典型冲沙流量	排沙效果/%
300m³/s，敞泄冲刷 1 天	46.4	700m³/s，敞泄冲刷 1 天	74.7
500m³/s，敞泄冲刷 1 天	65.5	700m³/s，敞泄冲刷 2 天	97.2

7.4 小结与分析

（1）试验结果表明，汛期排沙运行水位由 1625m 抬高至 1635m，调度年内库区泥沙累计淤积增量并不大，且经过敞泄冲刷后库区泥沙深泓可基本恢复为初始形态。试验观测结果表明，无论是原布置方案典型调度年试验还是优化方案典型流量淤积及冲刷试验，均出现泥沙累积淤积高程高于电站进水平台的情况。又因电站取水位于坝左岸凹岸段，降水位敞泄冲刷效果不明显。推荐排沙水位采用 1635m 方案，但需要注意解决好运行期电站进水平台前沿淤积问题。

（2）假设性洪峰过程造成的淤积，经过 1 天洪水敞泄冲刷是可以达到较好的冲沙效果，但试验监测显示，冲刷流量期末出库推移质输沙率仍远大于入库，建议 2 天的冲刷期将更能确保电站的正常运行。

（3）有导向结构排沙洞相比无导向结构排沙洞，在中小洪水及以下流量时，其排粗沙效果更好，随着流量增加，两者间差异逐渐减小。鉴于中小洪水更为常见，建议采用有导向结构排沙洞，并进一步优化。

（4）模型试验中观察到，汛期敞泄冲沙期间底孔均有少量卵石落淤，枢纽运行期间应予以考虑。

参 考 文 献

［1］ 谢鉴衡. 河流模拟［M］. 北京：水利电力出版社，1990.

［2］ 惠遇甲，王桂仙. 河工模型试验［M］. 北京：中国水利水电出版社，1999.

［3］ 余文畴，卢金友. 长江河道演变与治理［M］. 北京：中国水利水电出版社，2005.

［4］ 中华人民共和国水利部. 河工模型试验规程：SL 99—2012［S］. 北京：中国水利水电出版社，2012.

［5］ 吴新生. 河工模型量测与控制技术［M］. 北京：中国水利水电出版社，2010.

［6］ 李昌华，金德春. 河工模型试验［M］. 北京：人民交通出版社，1981.

［7］ 王兴奎，庞东明，王桂仙，等. 图像处理技术在河工模型试验流场量测中的应用［J］. 泥沙研究，1996（4）：21-26.

［8］ 黄建成，惠钢桥. 粒子图像测速技术在河工模型试验中的应用［J］. 人民长江，1998（12）：21-23，47.

［9］ 虞邦义，武锋，马浩. MCGS 组态软件及其在大型河工模型试验中的应用［J］. 泥沙研究，2001，（3）：46-49.

［10］ 黄建成，惠钢桥. 河工模型自动加沙控制系统设计与应用［J］. 长江科学院院报，1998，（6）：47-49.

［11］ 赵海镜，田世民，王鹏涛，等. 水工模型试验中的草垫加糙方法研究［J］. 水力发电学报，2015，34（4）：77-77.

［12］ 唐懋官. 水流电测技术［M］. 北京：水利电力出版社，1991.

［13］ 冬俊瑞，黄继汤. 水力学实验［M］. 北京：清华大学出版社，1991.

［14］ Kellerhals R，Bray D I. Sampling procedures for coarse fluvial Sediments. Journal of the Hydraulics Division，ASCE，1971，97（8）：1165-1180.